Autodesk Inventor Professional
中文版塑料模具设计实战

赵 钱 编著

机械工业出版社

本书参照世界技能大赛"塑料模具工程"赛项的标准，系统地介绍了应用Autodesk Inventor Professional 2019中文版比赛软件对模型进行模具设计的操作过程。其主要内容包括：Inventor基础造型、Inventor模型工程出图、Inventor模具设计、Inventor模具工程出图。书中选用的实例是世界技能大赛全国选拔赛的真题，章节紧扣模具设计流程，本书以该赛项的评分标准为主线，既包括软件应用与操作的方法和技巧，又融入了塑料模具设计的基础知识和要点。通过对本书的学习，读者可达到参加"塑料模具工程"赛项的基本要求，具备模具设计比赛的基本能力。

　　本书可供"塑料模具工程"赛项的参赛人员和塑料模具设计人员使用，也可供职业院校模具设计等专业的师生参考。

图书在版编目（CIP）数据

Autodesk Inventor Professional 中文版塑料模具设计实战 / 赵钱编著 .
—北京：机械工业出版社，2019.6
ISBN 978-7-111-62812-5

Ⅰ . ① A… 　Ⅱ . ① 赵… 　Ⅲ . ① 塑料模具 – 计算机辅助设计 – 应用
软件 　Ⅳ . ① TQ320.5-39

中国版本图书馆 CIP 数据核字（2019）第 094609 号

机械工业出版社（北京市百万庄大街 22 号　邮政编码 100037）
策划编辑：陈保华　　　　　　　责任编辑：陈保华
责任校对：张晓蓉　刘志文　　　封面设计：马精明
责任印制：张　博
三河市宏达印刷有限公司印刷
2019 年 7 月第 1 版第 1 次印刷
184mm×260mm · 16 印张 · 385 千字
0 001—2 500 册
标准书号：ISBN 978-7-111-62812-5
定价：59.00 元

电话服务　　　　　　　　　　网络服务
客服电话：010-88361066　机 工 官 网：www.cmpbook.com
　　　　　010-88379833　机 工 官 博：weibo.com/cmp1952
　　　　　010-68326294　金 　书 　网：www.golden-book.com
封底无防伪标均为盗版　机工教育服务网：www.cmpedu.com

前言
PREFACE

世界技能大赛有"技能奥林匹克"之称。第41届世界技能大赛2011年10月在英国伦敦举行，我国首次派出代表团参加这一赛事，参加了数控车床、焊接等6个项目的比赛。我国首次参赛就实现了奖牌零的突破。在世界技能舞台亮相意义重大，借助世界技能大赛在全社会掀起了重视职业技能的热潮，激发了更多的青年学生学习技能、钻研技能的热情，使全社会更加尊重技能人才，更加重视技能人才的培养。

"塑料模具工程"是世界技能大赛的赛项之一，该竞赛项目的竞赛内容为综合技能操作，由选手根据大赛组委会提供的产品图，独立完成产品造型、模具设计、数控加工、模具装调及注射成型的整个过程。本书对产品造型与模具设计的相关内容进行了系统介绍。

产品造型内容是要求参赛者根据大赛提供的产品工程图进行产品三维建模和二维工程图的绘制，主要包括草绘模型、产品模型、工程图模型等。草绘模型要求根据工程图规定进行单位选择，草绘定位的几何约束和尺寸约束完整正确；产品模型要求使用特征造型技术，使用标准特征（如孔、筋、镜像等）进行建模，特征定位正确，无模型再生失败；工程图是要求选用正确的投影视角，尺寸标注、注解和表格、标题栏、技术要求等严格符合ISO制图规范（请注意，为了使读者适应比赛软件和使图文一致，本书采用了ISO制图规范，ISO制图规范与我国机械制图的相关标准略有不同）。模具设计内容是要求参赛者能根据塑件工程图完成整副模具三维设计和二维装配图及零件图的设计。模具三维设计要求确定标准模架的正确尺寸，正确选取定位圈、浇口套、螺钉、支撑柱等各类标准件，合理设置收缩率，设计正确的浇注系统、顶出机构等；模具工程图设计主要包括表达规范的模具装配图和型芯、芯腔零件图等，要求图样表达规范、完整、严谨，技术要求正确。

该赛项的比赛要求是熟练使用Autodesk Inventor Professional（简称Inventor）软件的各个命令功能，并能够根据比赛的评分标准完成相应的比赛任务。本书采用该软件的2019版本，通过比赛真题，循序渐进地进行介绍，图文并茂，内容全面，讲解剖析详细，使读者一方面掌握Inventor的基本操作方法及操作技巧，同时让读者能快速有效地掌握Inventor对塑料产品的模具设计方法和设计过程。

本书由赵钱编著。在编写过程中虽然力求叙述准确、完善，但由于作者水平有限，加之时间紧迫，书中难免会出现不妥或疏漏之处，恳请广大读者给予批评指正。

读者在学习过程中遇到难以解决的问题时，可以发电子邮件到作者的电子邮箱（657187197@qq.com），作者会尽快给予解答。

赵　钱

第 1 章
Inventor 基础造型

1.1 项目设置

项目设置的目的是通过项目文件的引导，方便管理和查找设计数据。通常用 Inventor 软件进行设计时，需要新建一个项目文件，并将该文件保存于用户自定义的文件夹中。设置项目后，所有的设计数据都会保存到这个文件夹（包括历史文件）中。这种项目式管理能提高工作效率并能防止数据丢失。项目设置的操作步骤如下：

➢ 打开 Inventor 软件后，单击"项目"图标出现"项目"对话框，进行项目设置，如图 1.1-1 所示。系统默认的项目名称有两个，分别是 Default 与 Inventor Electrical Project。在空白区域，右击出现快捷菜单。

图 1.1-1　项目设置

➢ 选择"新建"命令，出现"Inventor 项目向导"对话框，采用系统默认，如图 1.1-2 所示。

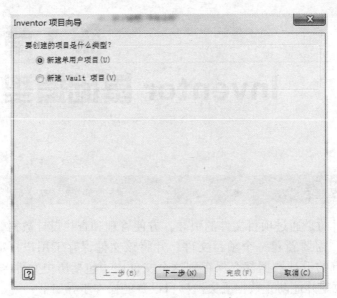

图 1.1-2　项目向导

➢ 单击"下一步"按钮，出现如图 1.1-3 所示"Inventor 项目向导"对话框。此对话框中项目文件的"名称"可以自定义，此处默认。

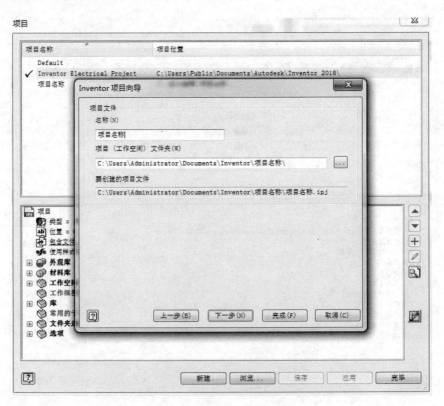

图 1.1-3　项目文件名称

➢ 项目文件夹路径设置可以通过带有三个小点的按钮进行设置，单击该按钮，出现"浏览文件夹"对话框，如图 1.1-4 所示。

图 1.1-4　项目文件夹路径

➢ 选择对话框中的计算机后，进入计算机中的 E 盘或其他盘符，单击对话框中的"新建文件夹"按钮，改文件夹名称为"造型设计"，如图 1.1-5 所示。

图 1.1-5　新建项目文件夹

3

➢ 单击"确定"按钮后，项目文件夹的路径与项目名称为 E:\ 造型设计，如图 1.1-6 所示。

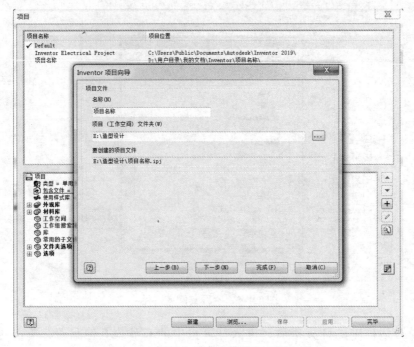

图 1.1-6　项目文件夹的路径与项目名称

➢ 接着单击"下一步"按钮，将显示"Inventor 项目向导""选择库"的安装位置，不需要做任何修改，单击"完成"按钮，如图 1.1-7 所示。

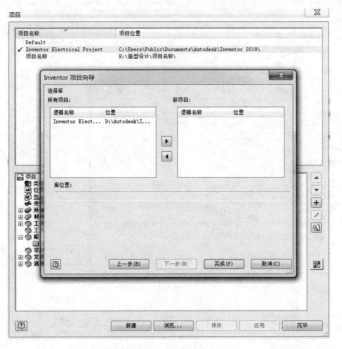

图 1.1-7　库路径

➢ 接着回到"项目"对话框中，如图 1.1-8 所示，单击"完毕"按钮，完成项目文件的设置。

图 1.1-8　添加的新项目

➢ 打开我的计算机，查找 E 盘中的"造型设计"文件夹，可以看到设置的项目文件"项目名称"，如图 1.1-9 所示。

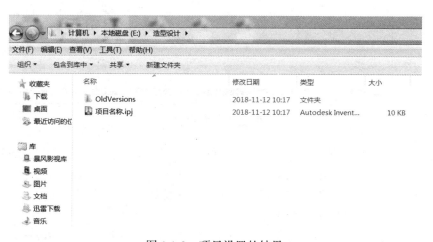

图 1.1-9　项目设置的结果

1.2 塑件的基础造型

1.2.1 主体特征建模

主体建模的操作步骤如下：

➤ 完成项目设置后，单击界面左上角工具栏中的"新建"图标，在"新建文件"对话框中选择"Metric"选项，选择"Standard（mm）.ipt"类型，以毫米单位的模板建模，如图 1.2-1 所示。

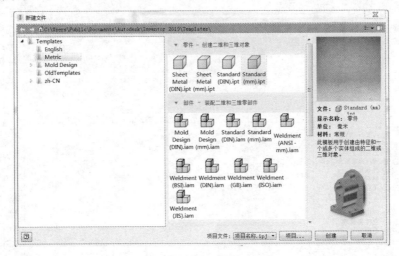

图 1.2-1 模板

➤ 单击该对话框中的"创建"按钮，完成设置，进入建模窗口，如图 1.2-2 所示。

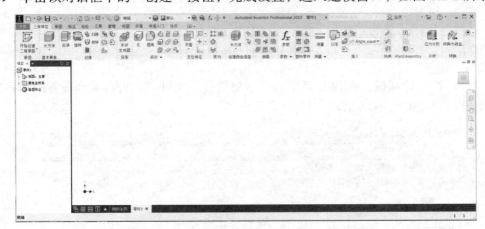

图 1.2-2 建模窗口

➤ 在主菜单三维造型中，单击"开始创建二维草图"图标，在绘图区域单击"XY Plane"平面进行草绘，如图 1.2-3 所示。

➤ 选择 XY Plane 后，该平面将平行于屏幕。选择图标"矩形"中的"两点中心"类型绘制 50mm×65mm 的矩形，如图 1.2-4 所示。

➤ 捕捉十字线的中心点为矩形中心进行绘制矩形，编辑尺寸为 50mm×65mm，如图 1.2-5 所示；单击"完成草图"图标完成草图，如图 1.2-6 所示。

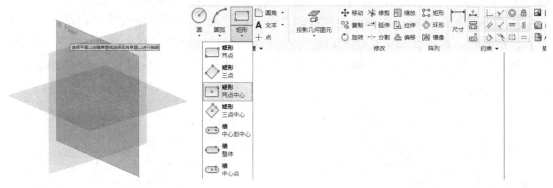

图 1.2-3　XY Plane 平面　　　　　　　　　图 1.2-4　矩形命令

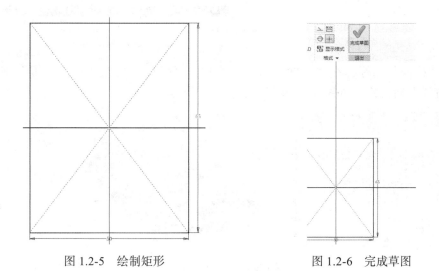

图 1.2-5　绘制矩形　　　　　　　图 1.2-6　完成草图

➢ 单击"拉伸"图标，在"拉伸"对话框中输入拉伸距离 15mm，其余默认，单击"确定"按钮，如图 1.2-7 所示。

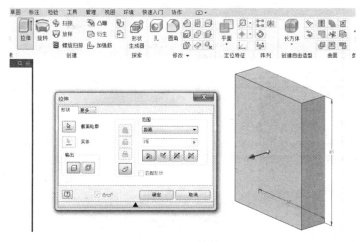

图 1.2-7　拉伸

➢ 单击"开始创建二维草图"图标，选择长方体的前端面作为草绘平面进行草绘，如图 1.2-8 所示；也可以单击前端面出现的快捷图标，选择"创建草图"图标。

➢ 单击"线"图标，在端面绘制线段。绘制时，线段的两端分别捕捉到水平轮廓线和竖直轮廓线，水平线和竖直线将以参考线存在。标注尺寸后并观察界面右下角草绘是否为全约束，如图 1.2-9 所示。如果显示未全约束，说明绘制的线段缺尺寸或缺相关约束。

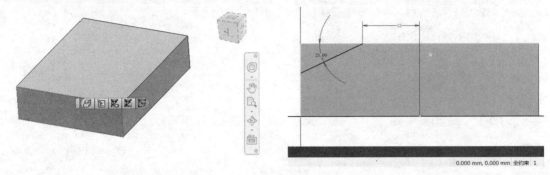

图 1.2-8　前端面为草绘平面　　　　　　　　图 1.2-9　绘制草图

➢ 单击"拉伸"图标，在"拉伸"对话框中单击"求差"按钮，在"范围"下拉列表中选择"贯通"后确定，如图 1.2-10 所示。

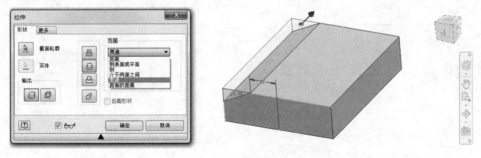

图 1.2-10　拉伸

➢ 单击"镜像"图标，在"镜像"对话框中的默认状态下，选择上一步的拉伸特征后，在对话框中单击"基准 YZ 平面"按钮进行镜像，如图 1.2-11 所示。

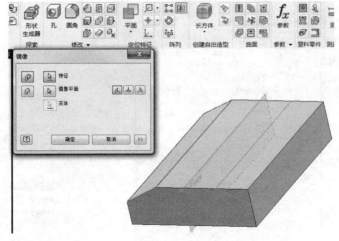

图 1.2-11　镜像

➢ 旋转模型，根据"视角小方格"，选择方格上的"上"视角，使视图定向，如图 1.2-12 所示。

➢ 选择当前已定向的长方体端面作为草绘平面，通过单击"投影几何图元"图标，将模型下面三个边进行投影后，单击"偏移"图标对刚才投影的线进行偏移，编辑距离为 3mm，如图 1.2-13 所示。

➢ 单击"重合约束"图标，选择偏移线段的一个端点，再选择模型的侧面轮廓线，使两者相交，另外一个端点重合约束的操作方法相同，如图 1.2-14 所示，并完成草图。

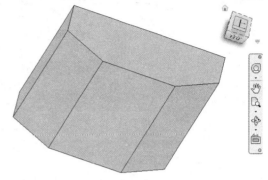

图 1.2-12　视图定向

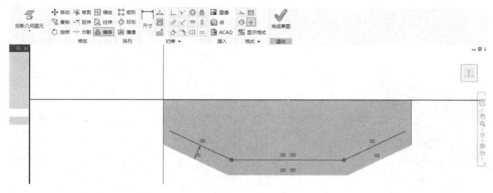

图 1.2-13　投影线偏移

➢ 单击"拉伸"图标，在"拉伸"对话框中单击"求差"按钮，输入距离为 25mm，如图 1.2-15 所示。

➢ 通过旋转模型使"视角小方格"位于"后"的位置，注意"后"的平面方位选择，如图 1.2-16 所示。

➢ 单击"开始创建二维草图"图标，选择长方体的底面作为草绘平面（后续凡是单击"开始创建二维草图"图标进行绘图的，将简称为"选择某面进行草绘"），选择图标"矩形"中的"两点中心"类型，绘制 31mm×5mm 的矩形，如图 1.2-17 所示，编辑定位尺寸并单击"垂直约束"图标使十字中心点与绘制的长方形中心点共线。

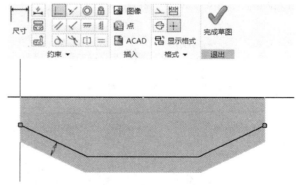

图 1.2-14　重合约束

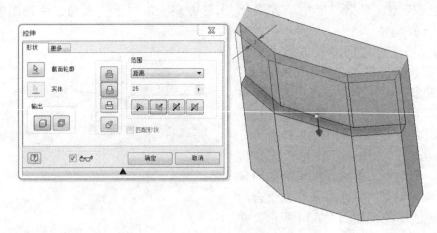

图 1.2-15　拉伸

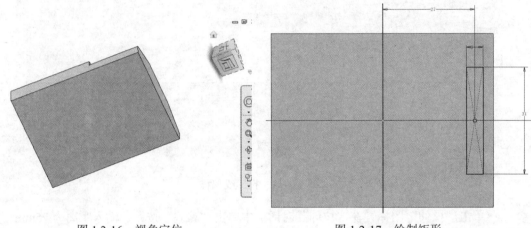

图 1.2-16　视角定位　　　　　　　　　图 1.2-17　绘制矩形

➢ 单击"拉伸"图标，在"拉伸"对话框中单击"求并"按钮和"方向二"按钮，输入距离 15mm，如图 1.2-18 所示。

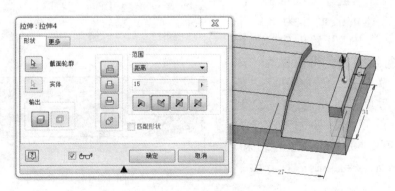

图 1.2-18　拉伸

➢ 单击"圆角"图标，单击对话框中的"全圆角"按钮，用鼠标依次选择长方体的侧面、端面和另一侧面，单击"确定"按钮完成，如图 1.2-19 所示。

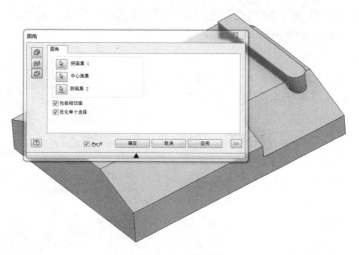

图 1.2-19　倒圆角

➢ 用同一方法将另一端面进行倒全圆角。该腰形特征还可以通过"槽"命令进行绘制，如图 1.2-20 所示，再进行"拉伸"，此处不再详述。

➢ 选择模型上表平面进行草绘，选择"矩形"命令绘制矩形，如图 1.2-21 所示。

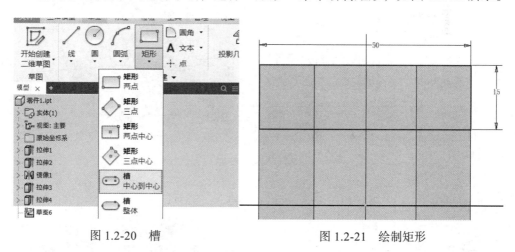

图 1.2-20　槽　　　　　　　　　　　　　图 1.2-21　绘制矩形

➢ 单击"拉伸"图标进行求差拉伸，输入拉伸距离为 5.5mm，如图 1.2-22 所示。

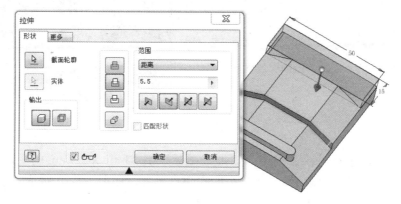

图 1.2-22　拉伸

➤ 选择如图 1.2-23 所示的端面绘制 18mm×1.5mm 的矩形，利用重合约束命令将矩形长边的中心点与模型轮廓边的中心点重合。

➤ 单击"拉伸"图标并求差，在"拉伸"对话框中，选择"范围"中的"到"，用鼠标单击模型上草绘平面的对面，完成长槽的拉伸，如图 1.2-24 所示。

➤ 单击"面拔模"图标，先选择与拔模面相邻的底平面，出现与该面垂直的箭头，方向垂直向上，接着分别选择两侧面的拔模面，拔模斜度为 45°，如图 1.2-25 所示。注意鼠标指针拾取拔模面时，指针应尽量靠近底平面的部位，单击后，拔模面将绕着两平面相交的轮廓边旋转指定的拔模角度，如果选择的部位不同，会出现相反角度的拔模面。

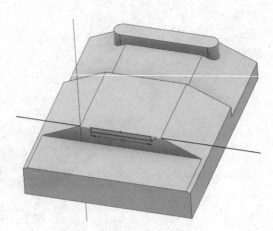

图 1.2-23　绘制矩形

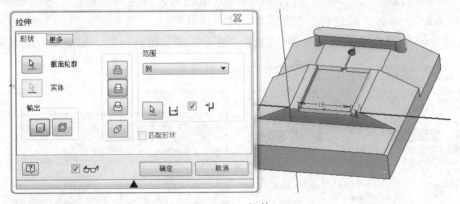

图 1.2-24　拉伸

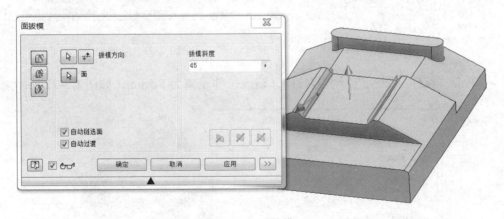

图 1.2-25　拔模

➤ 选择前端面进行草绘，单击"矩形"图标绘制 33mm×3.5mm 的矩形。利用重合约束命令将矩形边的中心点与模型轮廓边的中心点重合，如图 1.2-26 所示。

➤ 单击"拉伸"图标并求差，输入拉伸距离为 8mm，如图 1.2-27 所示。

➢ 在如图 1.2-28 所示的表面绘制矩形，宽度为 11mm，长度方向通过重合或共线等约束命令使草图约束到实体轮廓线上。后续对草图尺寸标注与约束方法不再详述，读者根据已知尺寸，自行判断草图需要的约束关系，选择合适的约束方法进行操作，确保草图完全约束。单击"拉伸"图标，在对话框中单击"求差"按钮，输入拉伸距离 2mm，完成拉伸，如图 1.2-29 所示。

➢ 选择"删除面"命令，在对话框中勾选"修复"复选框，用鼠标指针选择模型两侧的倒角，完成修复，删除倒角面，如图 1.2-30 所示。

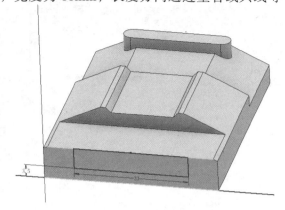

图 1.2-26　绘制矩形

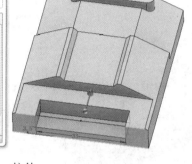

图 1.2-27　拉伸

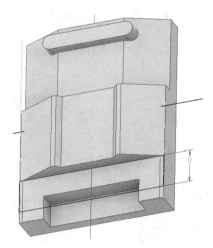

图 1.2-28　绘制矩形　　　　　　图 1.2-29　拉伸

➢ 选择如图 1.2-31 所示的狭长平面即模型顶面作为草绘平面，绘制如图 1.2-32 所示的四条线段。用约束命令将各线段的端点约束到模型的轮廓上，使草图全约束，四条线段中较长的一段也可通过选取模型轮廓，单击"投影几何图元"图标获得。后续对于草图是否使用"投影几何图元"图标，读者根据需要自行判断，不再叙述。

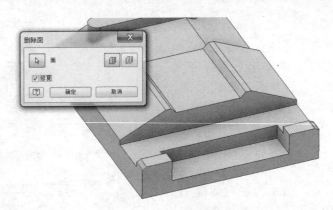

图 1.2-30　删除倒角面

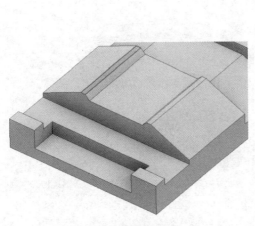

图 1.2-31　狭长平面为草绘面

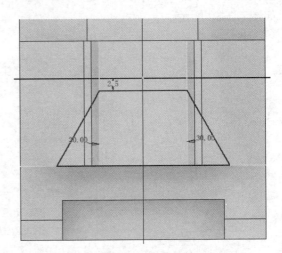

图 1.2-32　绘制四条线段

> 单击"拉伸"图标，单击"求差"按钮，输入拉伸距离 7.5mm，完成拉伸，如图 1.2-33 所示。

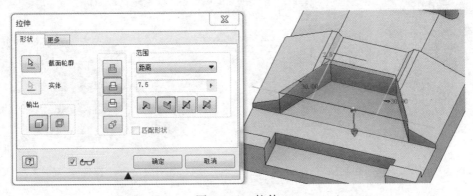

图 1.2-33　拉伸

> 选择如图 1.2-34 所示的平面绘制草图，并绘制一条辅助的竖直线。单击"对称"图标后，分别选择草图两边的斜线，再选择对称线即竖直线，使两边的斜线关于竖直线对称，并达到完全约束。

➢ 单击"拉伸"图标，单击"求并"按钮，完成拉伸，如图 1.2-35 所示。

➢ 单击"面拔模"图标，用鼠标选择如图 1.2-36 所示的参考面，作为拔模方向，方向向上，如图 1.2-37 所示。

➢ 用鼠标选择拔模的面，如图 1.2-38 所示的拔模面，输入拔模斜度为 30°。注意选择拔模面时，指针的选择位置尽量靠近固定的边，拔模面将绕着该边旋转指定的拔模角度。

➢ 选择如图 1.2-39 所示的平面，绘制三角形草图，在绘制过程中为了方便绘制，可以运用"切片观察"及约束命令绘制草图，如图 1.2-40 所示。

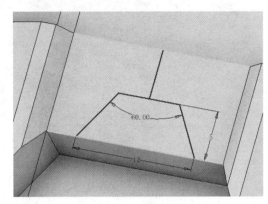

图 1.2-34　绘制草图

图 1.2-35　拉伸

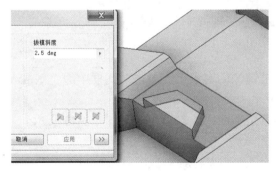

图 1.2-36　参考面

图 1.2-37　拔模方向

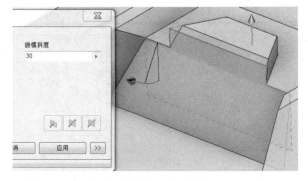

图 1.2-38　拔模面

15

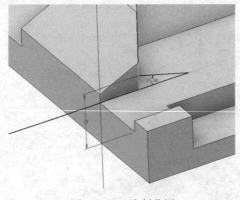

图 1.2-39 绘制草图

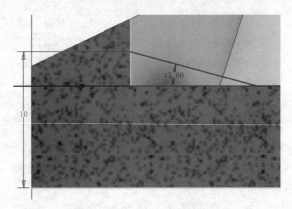

图 1.2-40 切片观察草图

➢ 单击"拉伸"图标，单击"求并"按钮，在对话框中选择"到表面或平面"选项，注意拉伸方向是否正确，如图 1.2-41 所示。或者选择"到"选项，并指定终止面，拉伸效果相同。

图 1.2-41 拉伸

➢ 单击"镜像"图标，用鼠标指针拾取被镜像的对象后，单击对话框中的"基准 YZ 平面"按钮，完成镜像特征，如图 1.2-42 所示。
➢ 选择模型上槽形特征的上表平面作为草绘平面，绘制草图，如图 1.2-43 所示。

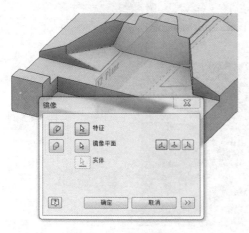

图 1.2-42 镜像特征

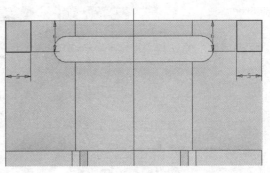

图 1.2-43 绘制草图

➢ 单击"拉伸"图标并求差，拉伸距离为 11mm，如图 1.2-44 所示。

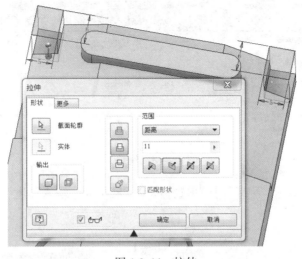

图 1.2-44　拉伸

➢ 选择上一步的拉伸特征的草绘平面，继续绘制草图，如图 1.2-45 所示。

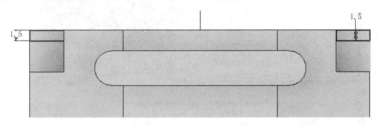

图 1.2-45　绘制草图

➢ 单击"拉伸"图标并求差，选择"贯通"选项，如图 1.2-46 所示，完成拉伸。
➢ 单击"倒角"图标，选择如图 1.2-47 所示的左右两侧直角边，输入倒角距离 2mm，单击"应用"按钮，完成倒角。

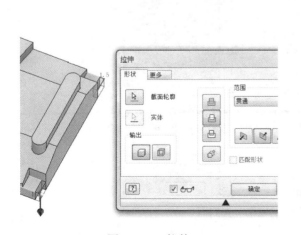

图 1.2-46　拉伸

图 1.2-47　倒角

➢ 继续选择如图 1.2-48 所示的两侧直角边，输入倒角距离 1.5mm，完成倒角。

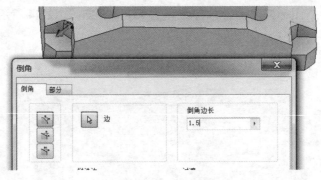

图 1.2-48　倒角

➢ 单击"抽壳"图标，用鼠标指针选择模型的底平面，输入厚度为 1.5mm，如图 1.2-49 所示。

图 1.2-49　抽壳

➢ 在"抽壳"对话框中，单击"特殊面厚度"按钮，再选择"单击以添加"选项，用鼠标指针选择如图 1.2-50 所示凸台的三个竖直侧面，在特殊面厚度中输入厚度 1mm。

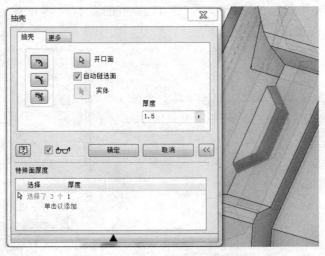

图 1.2-50　凸台的三个竖直侧面

1.2.2　局部特征建模

局部特征建模的操作步骤如下：

➤ 选择上一步凸台的内表平面，进行草绘平面，如图 1.2-51 所示。

➤ 如图 1.2-52 所示，草绘一条直线，添加尺寸，尺寸的另一边界为不可见，参考下一步骤。

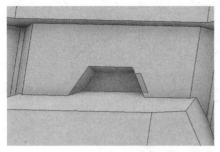
图 1.2-51　草绘平面

图 1.2-52　草绘一条直线

➤ 尺寸的另一条边界线原本是不可见的，需要通过主菜单"视图"中的"视觉样式"下拉菜单，选择"线框"，使不可见轮廓显现，方便找到尺寸的另一条边界，如图 1.2-53 所示。

➤ 选择如图 1.2-54 所示的边界，标注尺寸 1mm。

➤ 继续绘制三条线段，使草图封闭，并满足约束关系，绘制完成如图 1.2-55 所示的草图。将"视觉样式"切换为"带边着色"。

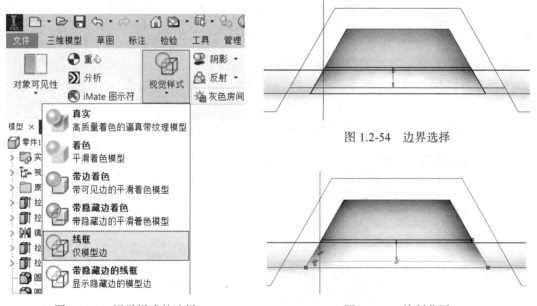

图 1.2-53　视觉样式的选择

图 1.2-54　边界选择

图 1.2-55　绘制草图

➤ 单击"拉伸"图标，在对话框中选择范围"到"，通过选择如图 1.2-56 所示的平面，使特征与平面齐平，求并完成拉伸。

➤ 以梯形凸台上表平面为草绘平面，绘制圆，如图 1.2-57 所示。

➤ 单击"拉伸"图标，在对话框中选择"到表面或平面"，求并完成圆柱体拉伸，如图 1.2-58 所示。

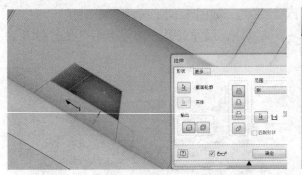

图 1.2-56 选择平面

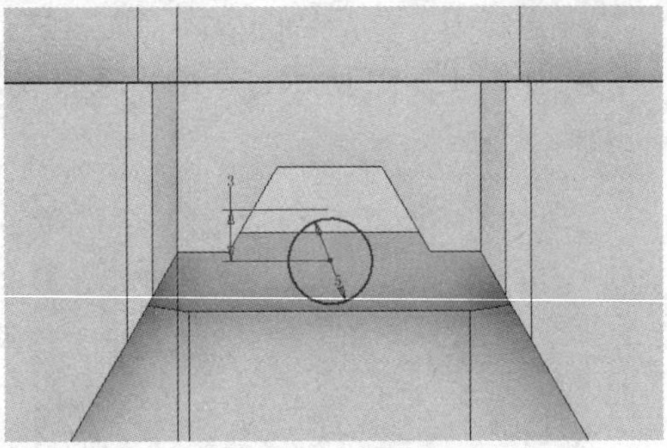

图 1.2-57 绘制圆

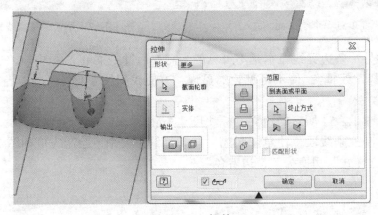

图 1.2-58 拉伸

➤ 单击"孔"图标，在对话框中，先选择孔的放置平面即凸台上表平面，接着选择圆弧或圆弧面作为同心参考，确定孔位，终止方式为"贯通"，输入孔径 3mm，如图 1.2-59 所示。

➤ 单击如图 1.2-60 所示的平面作为草绘平面，绘制草图。

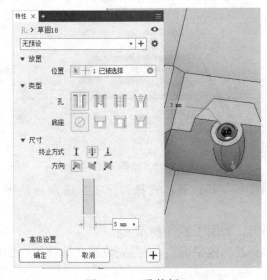

图 1.2-59 孔特征

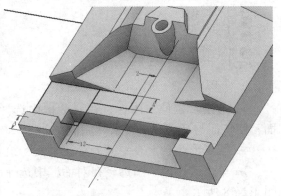

图 1.2-60 选择草绘平面

➤ 为了方便绘图，在切片观察状态，绘制两个矩形，注意两个矩形有重合部分，绘制时不需要修剪，不影响后续拉伸，如图 1.2-61 所示。切片观察的目的之一是为了找到坐标系的原点，方便标注相关尺寸。

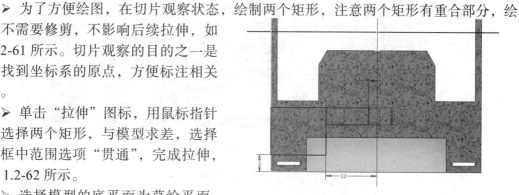

图 1.2-61　切片观察的草图

➤ 单击"拉伸"图标，用鼠标指针分别选择两个矩形，与模型求差，选择对话框中范围选项"贯通"，完成拉伸，如图 1.2-62 所示。

➤ 选择模型的底平面为草绘平面，绘制如图 1.2-63 所示的草图。

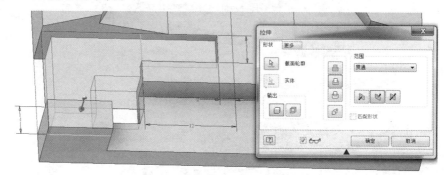

图 1.2-62　拉伸

➤ 单击"拉伸"图标，拉伸方向反向并求并，拉伸距离为 6mm，如图 1.2-64 所示。

➤ 单击"镜像"图标，选择前两步的拉伸特征，再单击对话框中的"YZ 平面"按钮，如图 1.2-65 所示，完成两个拉伸特征的镜像操作。在导航器目录中，选择两个特征或多个特征时，需要按住键盘上的〈Ctrl〉键。

➤ 选择如图 1.2-66 所示的平面绘制矩形，矩形的长边中心与模型轮廓边的中心重合。

➤ 单击"拉伸"图标，求差、贯通模型，如图 1.2-67 所示。

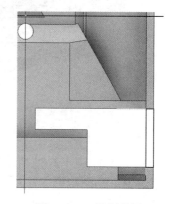

图 1.2-63　绘制草图

图 1.2-64　拉伸

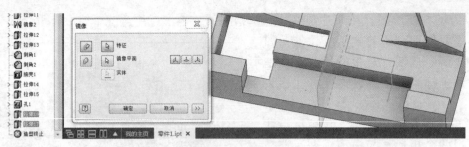

图 1.2-65　镜像特征

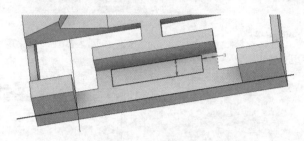

图 1.2-66　绘制矩形

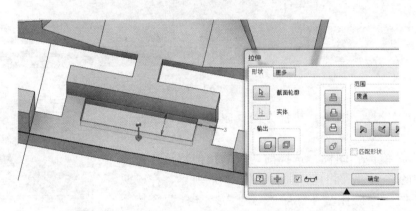

图 1.2-67　拉伸

➢ 选择如图 1.2-68 所示的内表平面作为草绘面，绘制矩形，注意约束。

➢ 单击"拉伸"图标，求并输入拉伸距离 1.5mm，如图 1.2-69 所示。

➢ 单击"删除面"图标，在对话框中，将"修复"复选框选上，用鼠标指针选择如图 1.2-70 所示的面删除。

➢ 删除面的效果如图 1.2-71 所示，相当于将该部分的结构拉伸贯穿。

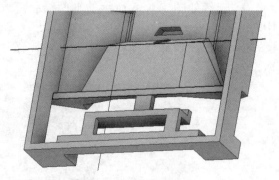

图 1.2-68　绘制矩形

➢ 继续单击"删除面"图标，用指针选择如图 1.2-72 所示的平面，进行面删除。

➢ 单击"圆角"图标，输入半径 2.5mm，选择如图 1.2-73 所示的 6 个直角边进行倒圆角，单击"确定"按钮，完成倒角操作。

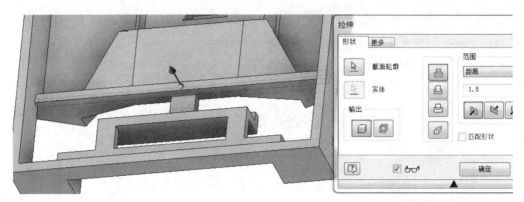

图 1.2-69　拉伸

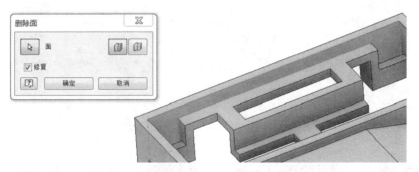

图 1.2-70　面删除

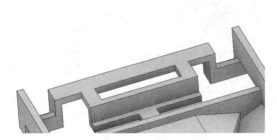

图 1.2-71　删除面的效果

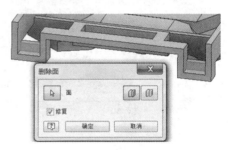

图 1.2-72　删除面

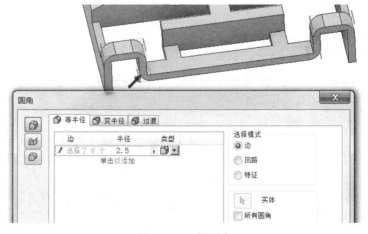

图 1.2-73　倒圆角

➤ 选择如图 1.2-74 所示的 6 个直角边的倒角，输入半径 1mm。当对多个特征倒不同尺寸时，可以在对话框中选择"单击以添加"进行设置。

➤ 选择"单击以添加"，用鼠标指针选择两个直角边倒 1.5mm 的圆角，如图 1.2-75 所示。

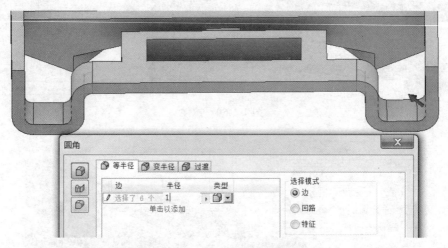

图 1.2-74　添加不同尺寸的圆角

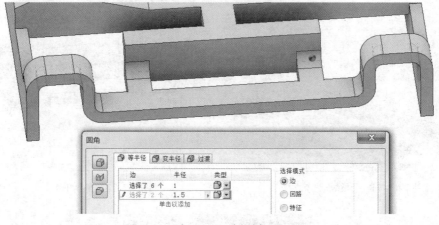

图 1.2-75　倒圆角

➤ 选择如图 1.2-76 所示的平面绘制长方形草图。

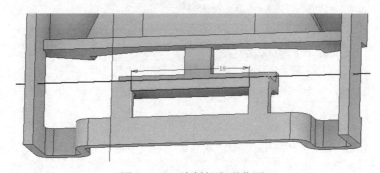

图 1.2-76　绘制长方形草图

➢ 单击"拉伸"图标，求差，在对话框中选择"到"，如图 1.2-77 所示。

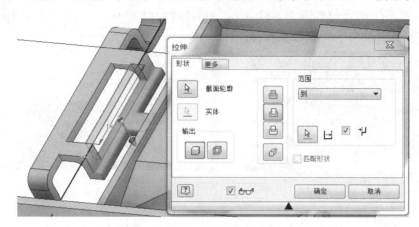

图 1.2-77　拉伸

➢ 单击"圆角"图标，选择如图 1.2-78 所示的边倒圆角，半径为 3mm，单击"应用"按钮。

图 1.2-78　倒圆角

➢ 继续选择如图 1.2-79 所示的 4 条直角边，倒半径为 1.5mm 的圆角，单击"确定"按钮，完成操作。此步骤可通过前面倒圆角操作中的"单击以添加"进行。

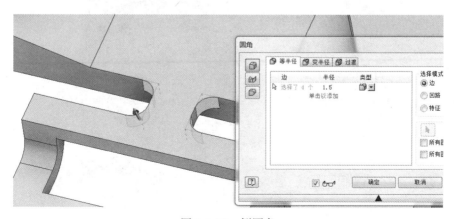

图 1.2-79　倒圆角

➤ 选择如图 1.2-80 所示的平面，绘制圆草图。

➤ 切片观察圆的定位如图 1.2-81 所示。切片观察状态下，对草图进行约束或标注相关尺寸很方便，后续对于此步骤不再详述。

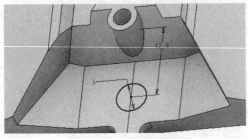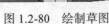

图 1.2-80　绘制草图

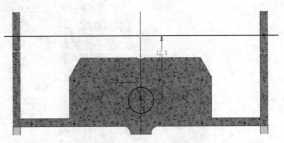

图 1.2-81　切片观察圆的定位

➤ 单击"拉伸"图标，求并，拉伸距离为 2.5mm，如图 1.2-82 所示。

图 1.2-82　拉伸

➤ 单击"孔"图标，在对话框中选择孔的放置平面为圆柱上表平面，孔的圆心参考为圆弧或圆柱面，直径为 3mm，终止方式为贯通，如图 1.2-83 所示。后续对孔放置方式的具体操作步骤不再详述。

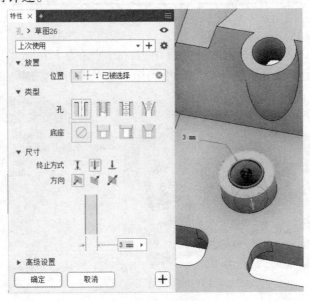

图 1.2-83　孔特征

➢ 选择如图 1.2-84 所示的平面，绘制矩形草图。

➢ 单击"拉伸"图标，求差，拉伸距离为 4mm，如图 1.2-85 所示。

➢ 选择如图 1.2-86 所示的平面，绘制矩形草图。注意尺寸定位，定位的参考点可通过"切片观察"找到，此处不详述。

➢ 单击"拉伸"图标，求差并且贯穿，如图 1.2-87 所示的拉伸。

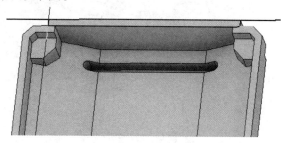

图 1.2-84　绘制草图

➢ 选择如图 1.2-88 所示的平面，绘制两个矩形草图。

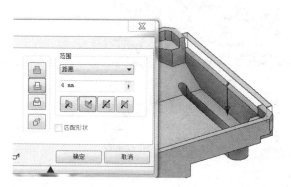

图 1.2-85　拉伸

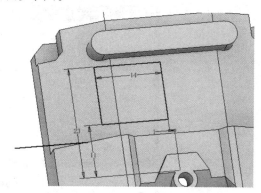

图 1.2-86　绘制草图

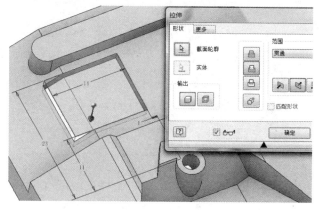

图 1.2-87　拉伸

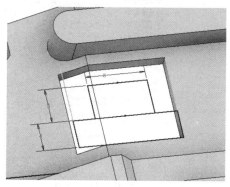

图 1.2-88　绘制草图

➢ 单击"拉伸"图标，注意拉伸方向，求并，拉伸距离为 5mm，如图 1.2-89 所示。

➢ 单击"加厚 / 偏移"图标，用鼠标指针选择如图 1.2-90 所示的三个侧面，输入距离 1.5mm 对侧面进行加厚。

➢ 用鼠标在"模型"导航器中选择如图 1.2-91 所示拉伸特征的草图，即加厚前拉伸特征的草图，右击出现快捷菜单，选择"可见性"命令，使草图可见；单击"拉伸"图标，在拉伸对话框中求差，方向为 2，拉伸的距离为 3.5mm，完成拉伸，如图 1.2-92 所示。然后再次选择导航器中的草图，注意该草图因为又调用了一次，此时该草图在导航器目录中独立呈现。选择该草图右击，在快捷菜单中选择"可见性"命令，使草图隐藏。

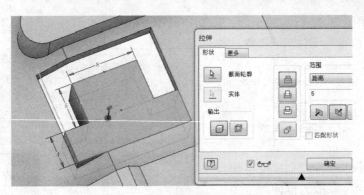

图 1.2-89　拉伸

图 1.2-90　面偏移加厚

图 1.2-91　拉伸特征草图

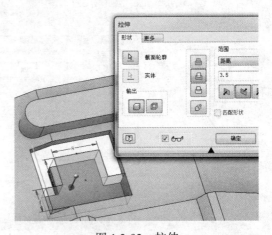

图 1.2-92　拉伸

➢ 选择如图 1.2-93 所示的平面，绘制矩形草图。

➢ 单击"拉伸"图标，求差，拉伸距离为 2mm，如图 1.2-94 所示。

➢ 单击"圆角"图标，在对话框中选择如图 1.2-95 所示的两个外角倒圆角，半径为 1.5mm，两个内角倒圆角，半径为 1mm。

➢ 单击"镜像"图标，在"模型"导航器中选择如图 1.2-96 所示的要镜像的特征。先选

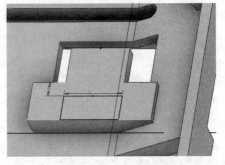

图 1.2-93　绘制草图

择"拉伸 23"，然后按住〈Shift〉键选择"圆角 8"，此时两个特征之间的操作特征全部被选中，在"镜像"对话框中，单击"基准 YZ 平面"按钮，完成多个特征镜像。注意"拉伸 27"中的"27"是系统编排的数字，不同的造型方法产生数字也不相同，读者根据自己的操作查看该部分的镜像特征是从哪一个步骤开始的。

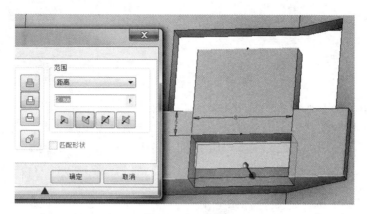

图 1.2-94　拉伸

图 1.2-95　倒圆角

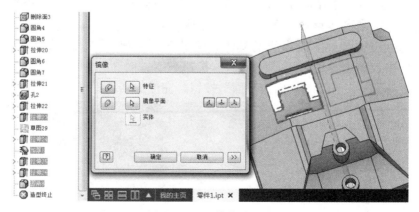

图 1.2-96　镜像特征

➤ 在镜像的特征中，有多余的特征需要通过"删除面"去除。如图 1.2-97 所示，选择两个侧面删除，在"删除面"对话框中，将"修复"复选框选中，完成面的删除。

➢ 在"模型"导航器中，在"原始坐标系"下选择"YZ 平面"作为绘图平面，如
1.2-98 所示。

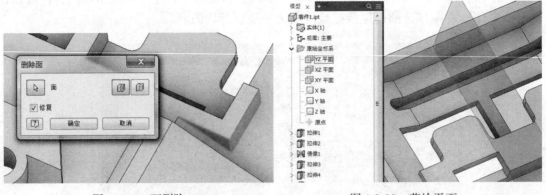

图 1.2-97　面删除　　　　　　　　　　　　　图 1.2-98　草绘平面

➢ 选择导航器中的"原始坐标系"下的"YZ 平面"，在切片观察的状态下，绘制如
图 1.2-99a 所示的草图；绘制一条直线，调整视图方位，以方便绘制，不同视角的草图如
图 1.2-99b 所示。

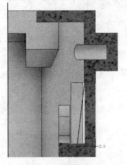
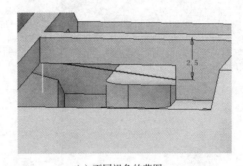

a）切片观察的草图　　　　　　　　　　b）不同视角的草图

图 1.2-99　绘制草图

➢ 单击"加强筋"图标，用鼠标选择上一步的草图直线。注意，在绘制直线时，会
使模型的轮廓作为参考线存在，形成封闭的草图，对于加强筋命令是无效的，需要将形
成的封闭参考线改为虚线（改虚线的具体方法见下一步骤），只要不形成封闭的实线即
可。在对话框中，单击"平行于草图平面"按钮与"方向 2"按钮，厚度输入 2mm，单
击"厚度双箭头"按钮与"到表面或平面"按钮，完成加强筋操作，如图 1.2-100 所示。

图 1.2-100　加强筋

➤ 具体的操作方法是将其中一条参考线选中，右击出现快捷菜单，选择"构造"命令，使参考线转变为虚线，如图 1.2-101 所示。

➤ 选择如图 1.2-102 所示的平面，绘制两个圆的草图。

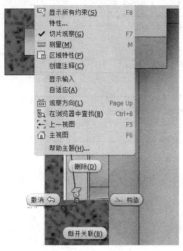

图 1.2-101　线构造

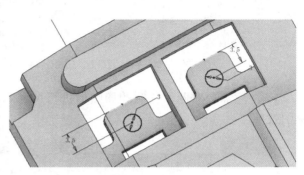

图 1.2-102　绘制草图

➤ 单击"拉伸"图标，用鼠标分别选择两个小圆，求差并贯通，完成拉伸操作，如图 1.2-103 所示。此步骤也可以在前面镜像多个特征之前拉伸单个孔，再一起镜像。

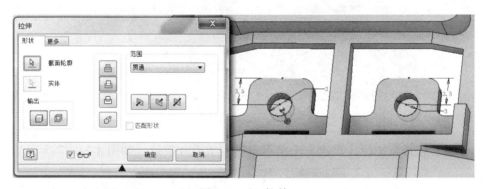

图 1.2-103　拉伸

➤ 选择如图 1.2-104 所示的平面进行草绘，绘制"槽"图形，注意草图的约束与尺寸的标注，定位尺寸 7mm 的不可见尺寸边界为模型的中心点，捕捉该点时不方便，可以通过"切片观察"和旋转该模型查找即可。

➤ 接着在草图模式下，继续对"槽"图形进行复制，单击"复制"图标，用鼠标框选槽图形。在对话框中单击"基准点"按钮，如图 1.2-105 所示，水平移动指针在原始槽图形的左右两侧分别放置槽图形。

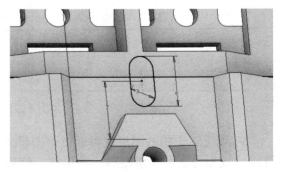

图 1.2-104　绘制草图

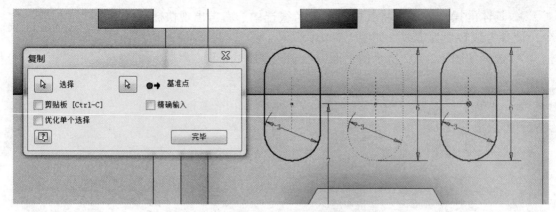

图 1.2-105　草图的复制移动

➢ 注意需要对两个复制的槽图形进行尺寸和位置的约束。图 1.2-106 所示为完成的草图效果。

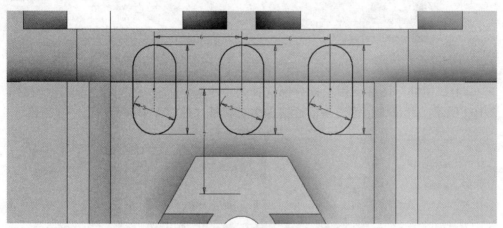

图 1.2-106　完成的草图效果

➢ 单击"拉伸"图标，点选三个槽形草图，求差并贯通，如图 1.2-107 所示。

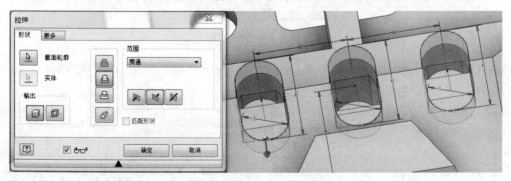

图 1.2-107　拉伸

➢ 以上三个槽的图形也可通过草图模式下的"移动"或"矩形"阵列完成。读者也可以尝试先绘制一个槽图形，并拉伸，然后在"三维"模式下用"矩形阵列"完成另外两个槽特征。

➢ 选择如图 1.2-108 所示的平面进行草图绘制，注意添加辅助线，运用"对称"约束命令。

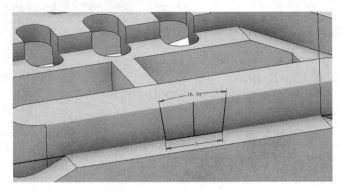

图 1.2-108　绘制草图

➢ 单击"拉伸"图标，求差，范围选择"到"，选择另一端面，完成拉伸操作，如图 1.2-109 所示。

图 1.2-109　拉伸

➢ 单击"圆角"图标，选择模型上边进行倒角，如图 1.2-110 所示，圆角半径为 1mm。

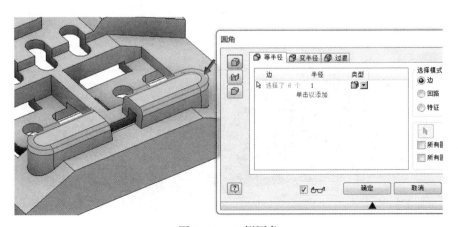

图 1.2-110　倒圆角

➢ 选择如图 1.2-111 所示的平面绘制草图，运用草图模式下的"矩形""偏移"和"圆角"等命令绘制，并用合适的约束命令进行约束定位。

➢ 单击"拉伸"图标，用鼠标选择如图所示的区域进行拉伸，求差，拉伸距离为 0.75mm，如图 1.2-112 所示。

➢ 在如图 1.2-113 所示的平面绘制三个不同直径的小圆草图，注意各个小圆之间的位置约束，所有圆心共水平线，中间圆的圆心与凸台长度方向的轮廓中点共竖直线。

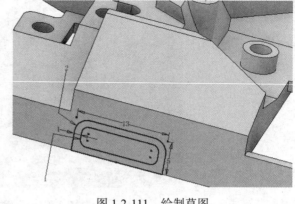

图 1.2-111　绘制草图

➢ 单击"拉伸"图标，求差，范围选择"到"，用鼠标选择内表面，如图 1.2-114 所示。

➢ 选择如图 1.2-115 所示的内表平面绘制草图，注意矩形的位置约束。

➢ 单击"拉伸"图标，求差，拉伸距离为 1mm，如图 1.2-116 所示。

➢ 单击"面拔模"图标，选择矩形框大平面为拔模方向，然后选择如图 1.2-117 所示的平面拔模，拔模角度为 45°。也可使用"倒角"命令完成。

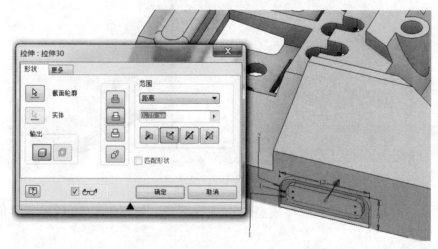

图 1.2-112　拉伸

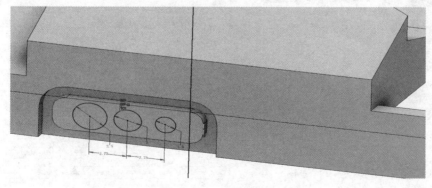

图 1.2-113　绘制草图

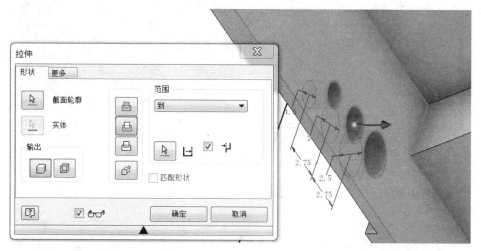

图 1.2-114　拉伸

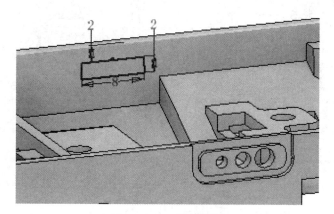

图 1.2-115　绘制草图

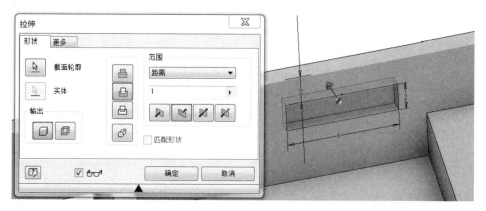

图 1.2-116　拉伸

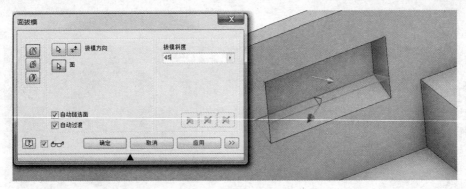

图 1.2-117　面拔模

> 该模型的建模完成效果如图 1.2-118a、b 所示，保存并关闭当前窗口。

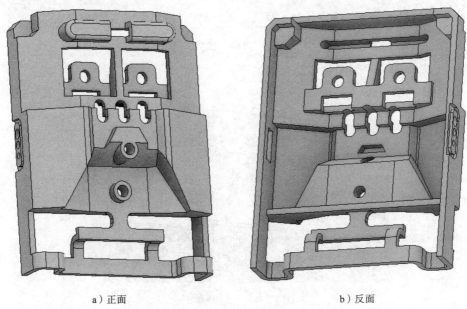

a）正面　　　　　　　　　　　　　　　　　b）反面

图 1.2-118　建模效果

第 2 章

Inventor 模型工程出图

本章将对前面建模的模型进行工程出图。

2.1 工程图模板选择与格式编辑

工程图模板选择与格式编辑的操作步骤如下：

➤ 单击界面左上角的"新建"图标，在"新建文件"对话框中选择模板单位为"Metric"，选择"工程图 - 创建带有标注的文档"中的"ISO.idw"模板，单击"创建"按钮，创建如图 2.1-1 所示的工程图模板，接着进入如图 2.1-2 所示的工程图绘制界面。

图 2.1-1　工程图模板

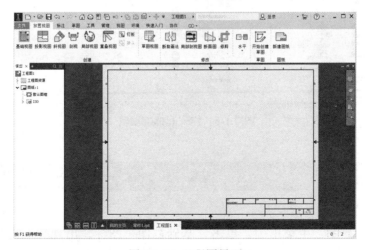

图 2.1-2　工程图界面

> 在"模型"导航器中，选择"图纸：1"右击，在出现的快捷菜单中，选择"编辑图纸"命令，如图 2.1-3 所示。接着出现"编辑图纸"对话框，在对话框中选择图纸大小为"A3"，如图 2.1-4 所示。

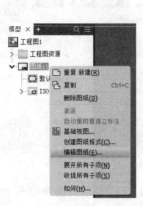
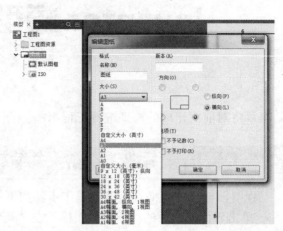

图 2.1-3　快捷菜单　　　　　　　　图 2.1-4　编辑图纸大小

> 单击"管理"菜单，单击"样式和标准编辑器"图标，出现"样式和标准编辑器"对话框。选择"图层"选项，在"图层样式"中分别选择"中心标记"与"中心线"，将外观的颜色改为"红色"，把线型改为"点划线"（我国机械制图标准中应为"点画线"），并把"剖切线"的线宽改为 0.50mm，如图 2.1-5 所示，单击"保存并关闭"按钮，完成设置。

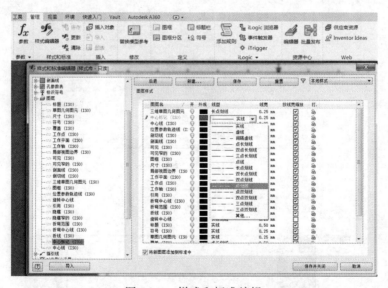

图 2.1-5　样式和标准编辑

2.2　工程出图

工程出图的操作步骤如下：

> 在"放置视图"主菜单中，单击"基础视图"图标，出现"工程视图"对话框。在"零部件"标签中，显示当前模型的路径及模型的文件名称，如图 2.2-1 所示。"样式"

选择为"不显示隐藏线"图标，比例输入 1.5。选择显示的视图后按住鼠标左键不放，移动指针将模型的基本视图放置在图纸页适当位置，再放开左键。

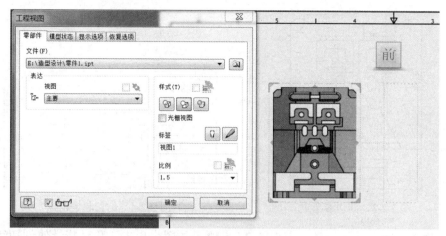

图 2.2-1　基础视图的设置

➢ 接着移动鼠标指针，将模型的左视图、俯视图、仰视图分别选择放在适当的位置，进行如图 2.2-2 所示的其他视图的放置。视图间距调整，可通过指针放在视图边缘处出现虚线矩形框后，按住鼠标左键移动相应的视图，获得适当的间距。

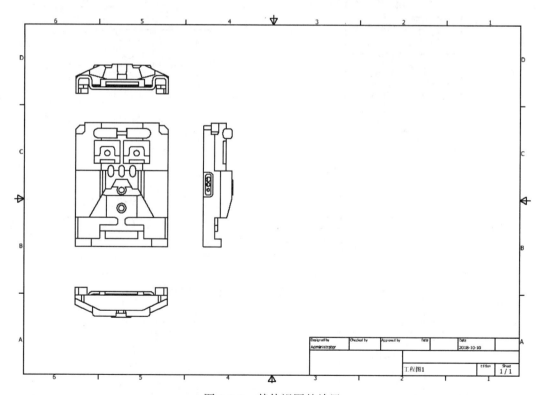

图 2.2-2　其他视图的放置

➢ 单击"剖视"图标，点选主视图，然后将指针移至如图 2.2-3 所示的轮廓线中点处，会出现一个圆点，即剖切参考点，沿着竖直方向向上移动指针，随着指针的移动会有虚线出现。图 2.2-4 所示为剖切起始位置，此时单击以确定剖切位置，注意指针远离圆点，虚线会消失，因此剖切位置应在虚线显现时确定，保证剖切位置准确。

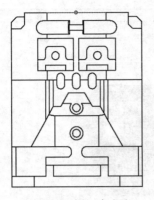

图 2.2-3　剖切参考点

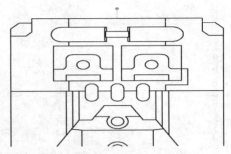

图 2.2-4　剖切起始位置

➤ 继续竖直向下移动指针，在如图 2.2-5 所示的图中单击，移动指针使剖切线向左转折，然后使指针捕捉到图中线段的中点，再移动指针竖直向上出现虚线，并使剖切的细实线水平，单击确定剖切位置，移动指针使剖切线向下并通过圆孔，如图 2.2-6 所示。注意，剖切视图时需要通过鼠标中键对视图进行移动或放大等操作，可相互结合进行。

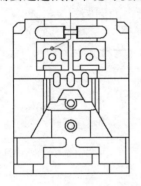

图 2.2-5　剖切线转折与中点捕捉

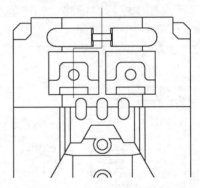

图 2.2-6　剖切线向下转折

➤ 接着在如图 2.2-7 所示的位置，单击使剖切线向右转折，移动指针，捕捉圆弧中心点，向上移动指针出现虚线，并使剖切线水平，单击确定剖切位置；继续竖直向下移动指针超出视图的轮廓，单击确定剖切位置，如图 2.2-8 所示。

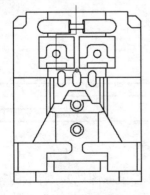

图 2.2-7　剖切线转折与中心捕捉

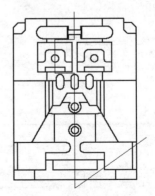

图 2.2-8　剖切线向下转折

➤ 右击出现快捷菜单，选择"继续"命令，如图 2.2-9 所示。

➤ 接着出现"剖视图"对话框和可移动的剖视图，在对话框中可以更改"视图标识符"字母及显示样式等，此剖视图采用默认状态。输入比例为 1.5∶1，将剖切得到的视图移动到适当的位置单击放置，如图 2.2-10 所示。

➤ 确定后的 A-A（我国机械制图标准中应为"A—A"）剖视图效果，如图 2.2-11 所示。

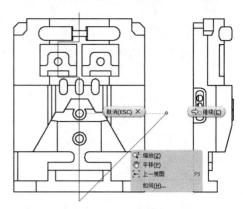

图 2.2-9　右键快捷菜单

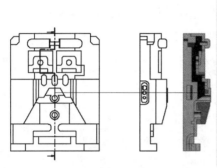

图 2.2-10　剖视图

需要理解的是，剖切视图时，为了准确对特征结构进行表达，需要使指针捕捉到相应的特征点，然后移动指针，出现虚线是表示当前的指针位置与捕捉的特征点处于共线状态，此时的剖切位置为准确的剖切位置；随着指针远离，虚线就会消失，此时选择剖切位置会不准确；另外对于外轮廓，如果直接捕捉特征点确定剖切位置，系统生成的剖切短线较粗，会与轮廓线相交，不宜调整，因此离开特征点确定剖切位置，便于调整剖切短横线。调整的方法是将鼠标指针放在剖切线上后，整条剖切线上的特征点将显示，用鼠标左键选择特征点，按住左键不放，移动指针再释放到合适的位置，方法类似于移动视图。

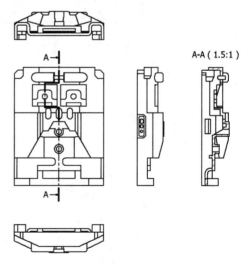

图 2.2-11　A-A 剖视图

➤ 在 A-A 剖视图中，双击该视图中的剖面线，出现如图 2.2-12 所示的"编辑剖面线图案"对话框。在"编辑剖面线图案"对话框中，输入比例为 0.500。该剖视图中的剖面线比系统自动生成的剖面线密集。

➤ 单击"投影视图"图标，选择 A-A 剖视图后，移动鼠标指针将投影视图放置在右侧位置，单击出现矩形框，再右击出现快捷菜单，选择"创建"命令，如图 2.2-13 所示。

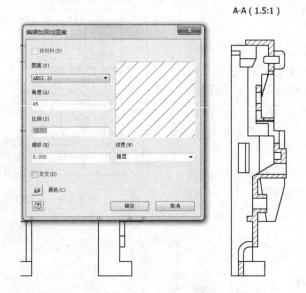

图 2.2-12　剖面线间距调整

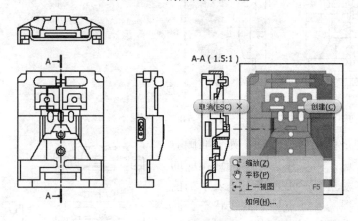

图 2.2-13　投影视图

➢ 单击"投影视图"图标，选择上一步创建的视图，移动鼠标指针将投影视图放置在上方，单击确定位置，出现矩形框，右击出现快捷菜单，选择"创建"命令，如图 2.2-14 所示。

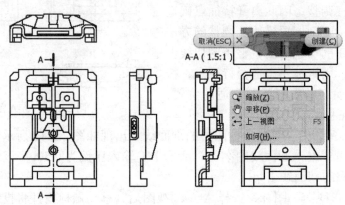

图 2.2-14　投影视图

➢ 单击"局部视图"图标，选择 A-A 剖视图，将鼠标指针移动到需要放大部位的中心附近，单击确定位置，然后移动指针出现圆形，如图 2.2-15 所示。圆形的大小随着指针的移动变化，单击确定圆形的大小，圆内即为放大的部位，在"局部视图"对话框中，选择或输入"缩放比例"为 4∶1。

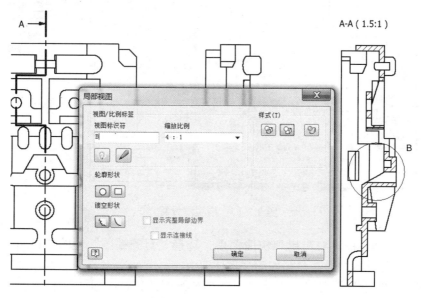

图 2.2-15　局部视图设置

➢ 移动鼠标指针，将局部视图移动到合适的位置后，单击确定，如图 2.2-16 所示 B（我国机械制图标准中应为"*B*"）局部视图。圆形的大小和位置如果不满足要求，可以通过鼠标左键进行编辑，只需将指针移动到圆上，圆的圆心和特征点就会出现，选择特征点做相应圆的编辑，局部视图的边界也将随之发生变化。

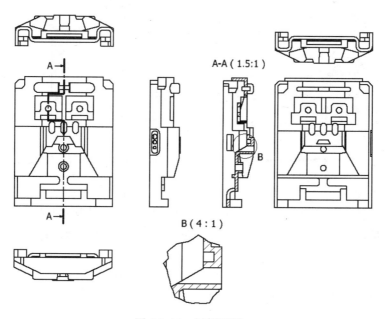

图 2.2-16　局部视图 B

43

➢ 单击"剖视"图标，选择如图 2.2-17 所示的剖切位置对该视图进行剖切，在"剖视图"对话框中输入比例为 1.5∶1，并调整剖切线段和箭头的位置。

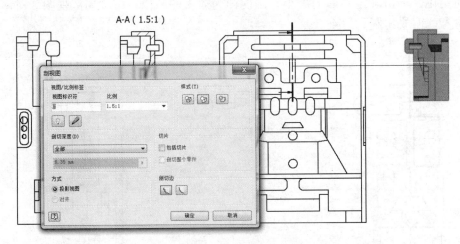

图 2.2-17　剖视图设置

➢ 选择 C-C 剖视图，右击出现快捷菜单，选择"对齐视图"中的"打断"选项，使 C-C 视图与父视图脱离对齐关系，如图 2.2-18 所示。

➢ 调整剖切线段和剖切字母位置，调整 C-C 视图位置，图 2.2-19 所示。

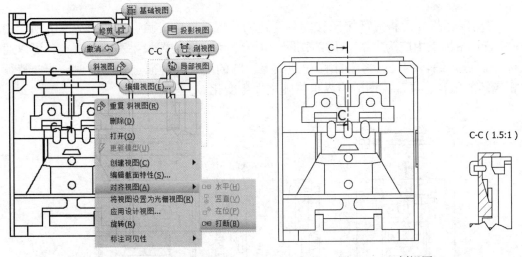

图 2.2-18　视图关系打断　　　　　　　　　　图 2.2-19　剖视图 C-C

➢ 再次选择 C-C 剖视图，右击出现快捷菜单，选择"编辑截面特性"选项，如图所示 2.2-20 所示。接着出现"编辑截面特性"对话框，在对话框中单击"将剖切边设为平滑"按钮，使视图的剖切边界平滑显示，如图 2.2-21 所示。将剖切边设为平滑，也可在创建"剖视图"对话框中进行设置。

➢ C-C 剖视图的剖切边界将变为直线，如图 2.2-22 所示。

➢ 双击如图 2.2-23 所示的视图，出现"工程视图"对话框。在对话框中，单击"显示为隐藏线"按钮。

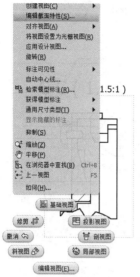

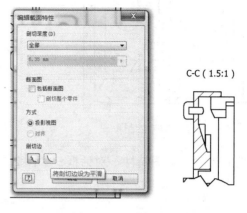

图 2.2-20　快捷菜单选项

图 2.2-21　编辑截面特性

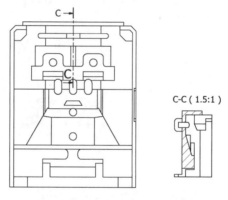

图 2.2-22　剖视图 C-C 的边界效果

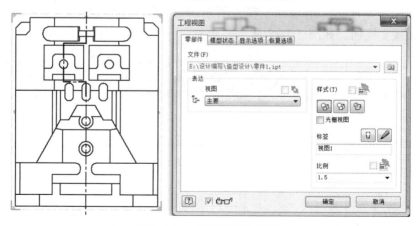

图 2.2-23　工程视图的设置

➢ 此视图的隐藏线将显示，在"放置视图"主菜单中，单击"开始创建草图"图标，选择该视图对其草绘，如图 2.2-24 所示。单击"线"图标，将虚线显示的梯形轮廓重新用线段绘制，单击"完成草图"图标。

➢ 将绘制好的梯形边选中，右击出现快捷菜单，选择"特性"命令，如图 2.2-25 所示。

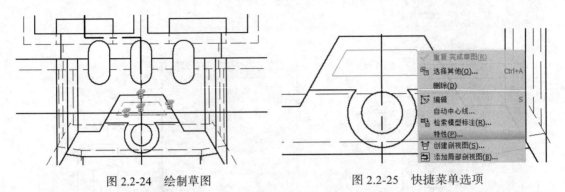

图 2.2-24　绘制草图　　　　　　　　　　图 2.2-25　快捷菜单选项

➢ 此时出现"草图特性"对话框，如图 2.2-26 所示，在对话框中选择"虚线"选项，梯形的线段将转变为虚线。

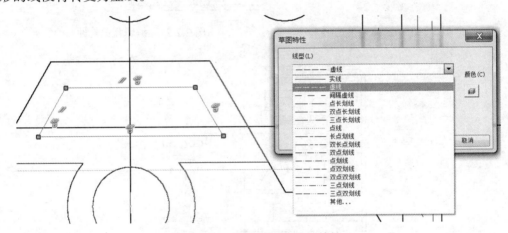

图 2.2-26　更改草图线段的特性

➢ 再次双击该视图，出现"工程视图"对话框。在对话框中，单击"样式"中的"不显示隐藏线"按钮，如图 2.2-27 所示。

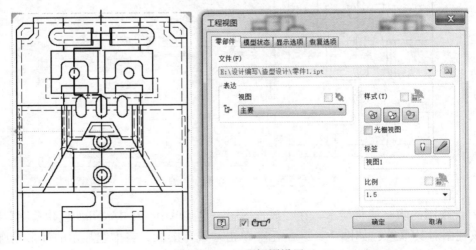

图 2.2-27　工程视图设置

➢ 此时的视图只显示草绘的虚线梯形，最终的显示效果如图 2.2-28 所示。

➢ 单击"局部视图"图标，选择如图 2.2-29 所示的视图，选择需要放大的部位，拖动指针形成圆，单击确定圆的大小。在"局部视图"对话框中输入缩放比例为 3∶1。

➢ 移动指针将局部放大视图 D 移动到合适的位置，如图 2.2-30 所示。

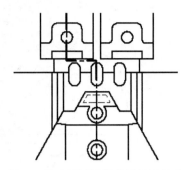

图 2.2-28　视图局部虚线显示效果

➢ 双击局部视图 D，出现"工程视图"对话框，将"样式"复选框中的钩号去除，单击"显示影藏线"按钮，如图 2.2-31 所示。

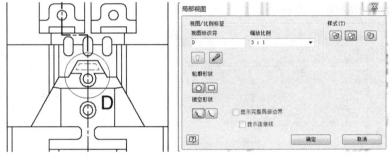

图 2.2-29　局部视图设置

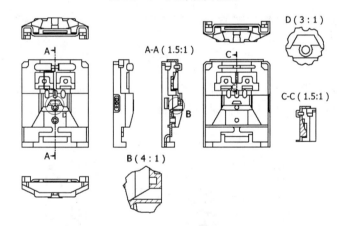

图 2.2-30　局部视图 D

➢ 局部视图 D 中将显示隐藏线，如图 2.2-32 所示，保留梯形虚线，其余的虚线隐藏。选择需要隐藏的虚线，右击出现快捷菜单，选择"可见性"命令，此时的虚线将不可见。

➢ 单击"剖视"图标，对如图 2.2-33 所示的视图进行剖切。剖切的位置为该视图左侧的中间位置偏下，剖切线段如图 2.2-33 所示，右击出现快捷菜单，选择"继续"命令。

图 2.2-31　局部视图设置

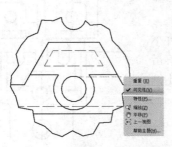

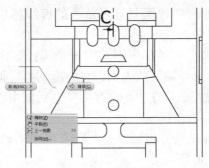

图 2.2-32　局部视图虚线的隐藏　　　　　　　图 2.2-33　剖视图

➤ 出现"剖视图"对话框，在对话框中输入比例"3∶1"，如图 2.2-34 所示，单击"剖切边"中的"将剖切边设计为平滑"按钮，其余默认。

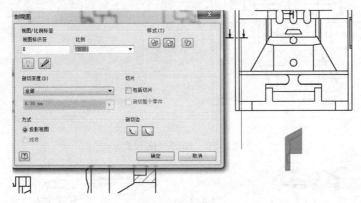

图 2.2-34　剖视图 E-E 的设置

➤ 选择 E-E 剖视图，右击出现快捷菜单，选择"对齐视图"中的"打断"命令，使E-E 视图与父视图脱离对齐关系，如图 2.2-35 所示。

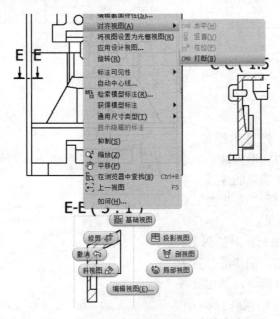

图 2.2-35　打断剖视图 E-E 的对齐关系

➢ 将剖视图 E-E 移动到合适的位置，如图 2.2-36 所示。

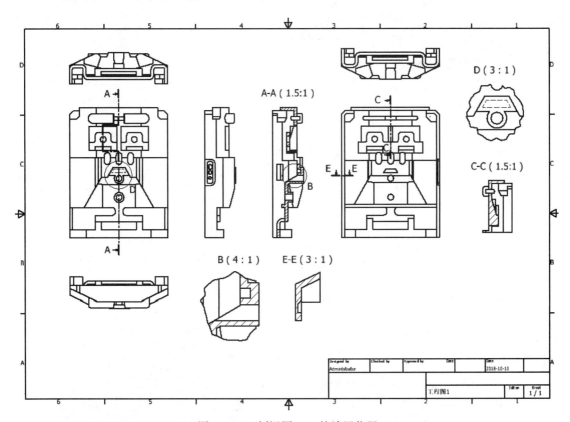

图 2.2-36　剖视图 E-E 的放置位置

➢ 单击"基础视图"图标，出现"工程视图"对话框，输入比例为 1∶1，移动指针到如图 2.2-37 所示的位置，再将鼠标指针移动在"视图小方格"上，右击出现快捷菜单。

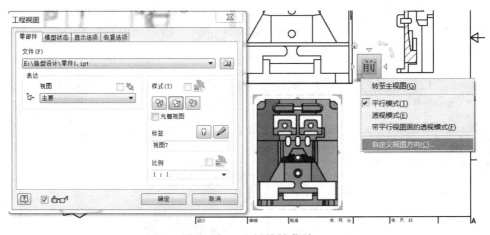

图 2.2-37　右键快捷菜单

➢ 当前显示的视图方向为默认的"平行模式"方向，选择"自定义视图方向"命令，此时的窗口将转变为三维界面，如图 2.2-38 所示。

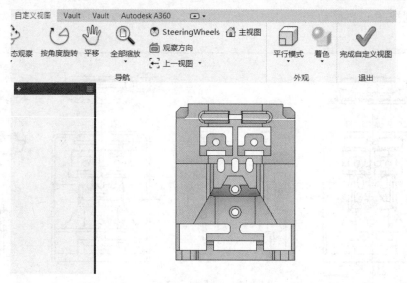

图 2.2-38 默认的模型视角

➤ 通过模型的旋转，将模型旋转为如图 2.2-39 所示的方位，主要显示模型的上表面的立体结构，单击"完成自定义视图"图标。

➤ 此时回到"工程视图"对话框，工程图中的模型随即也改变了方位，在工程视图中，单击"样式"中的"着色"按钮，确定完成，如图 2.2-40 所示。

➤ 用同样的方法，自定义模型视角，将模型的下表面结构显示出来，如图 2.2-41 所示的效果。此处不再重复。

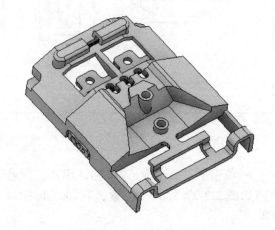

图 2.2-39 自定义模型视角

➤ 单击界面上左上角的"保存"图标，出现"另存为"对话框，文件名为"零件 1.idw"，单击"保存"按钮，如图 2.2-42 所示。

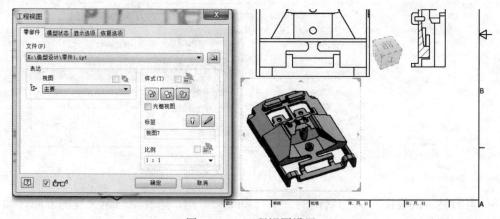

图 2.2-40 工程视图设置

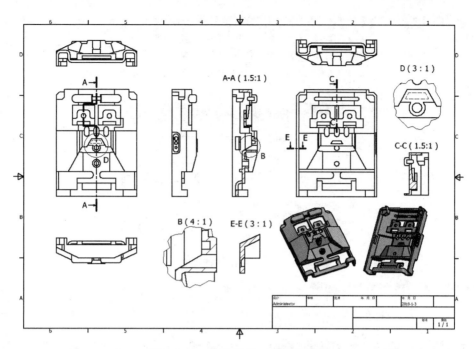

图 2.2-41　自定义第二个模型视角

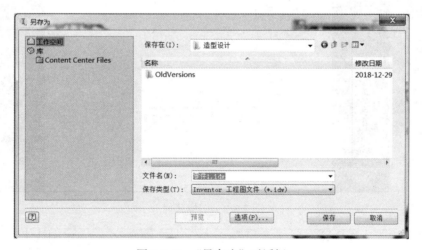

图 2.2-42　"另存为"对话框

2.3　标题栏的编辑

标题栏编辑的操作步骤如下：

➢ 选择"图纸：1"下方的"ISO"项目，右击出现快捷菜单，选择"编辑定义"命令，如图 2.3-1 所示。

➢ 此时可以对系统默认的标题栏进行编辑和修改，由于默认的标题栏并不符合实际的需要，可以重新自定义，如图 2.3-2 所示。

➢ 将默认的标题栏，用鼠标指针框选后，按键盘上的〈Del〉键，全部删除，绘制新标题栏，如图 2.3-3 所示。

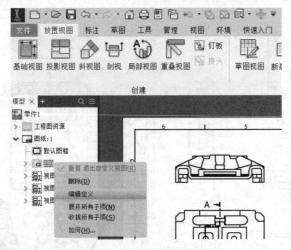

图 2.3-1 右击快捷菜单

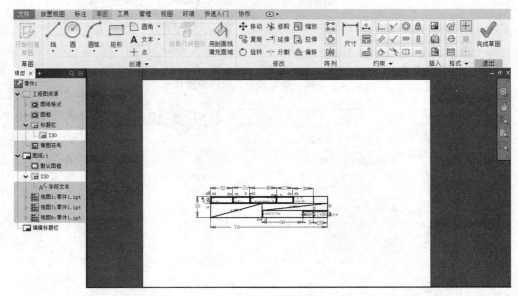

图 2.3-2 旧标题栏

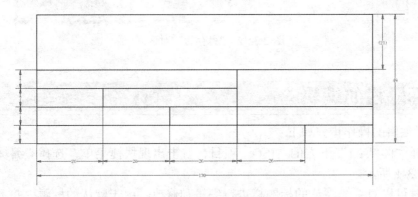

图 2.3-3 绘制新标题栏

➤ 对新绘制的标题栏添加文字。单击"文本"图标，在标准栏中的任意位置单击，出现"文本格式"对话框，添加文字，如图 2.3-4 所示。

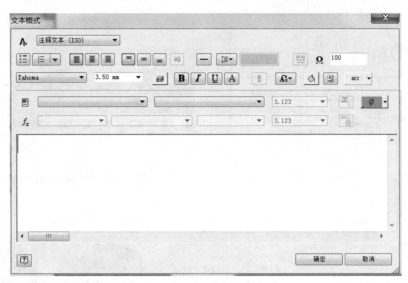

图 2.3-4　添加文字

➢ 在"文本格式"对话框中，选择字体大小为 5mm，输入文本"带有侧抽与斜顶的玩具外壳"，单击"确定"按钮，如图 2.3-5 所示。

➢ 用同样的方法在相应单元格中填入对应文字，字体大小为 3.5mm，如图 2.3-6 所示。文字的位置调整可通过按住鼠标左键不放，进行移动。

图 2.3-5　文本内容

➢ 单击"直线"图标，在单元格中绘制投影视角，如图 2.3-7 所示。其中的中心线需要通过改变线的特性。方法是单击细实线，在右击快捷菜单中选择"特性"命令，出现"草图特性"对话框，在对话框中将默认的"随层"选择为"点划线"，如图 2.3-8 所示。

➢ 单击"完成草图"图标，出现"保存编辑"对话框，在对话框中单击"是"按钮。新标题栏的显示效果如图 2.3-9 所示。

图 2.3-6　标题栏添加文字的效果

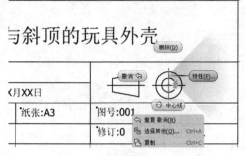

图 2.3-7　绘制投影视角符号

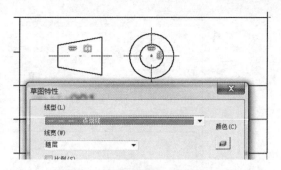

图 2.3-8　线段特性的更改

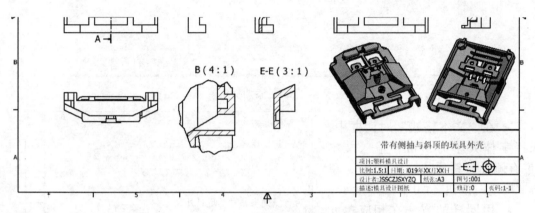

图 2.3-9　新标题栏的显示效果

2.4　工程图的标注

工程图标注的操作步骤如下：

➢ 在对工程图标注尺寸之前，需要对"尺寸样式"进行设置，以使尺寸数字、尺寸界线、箭头等适合于视图比例。选择主菜单中的"管理"菜单，单击"样式和标准编辑器"图标，出现"样式和标准编辑器"对话框。在该对话框中，选择"尺寸"选项下方的"默认（ISO）"选项，将"单位"标签下面"单位"组中的"小数标记（M）"改为"小数点"，"显示"组下面的"尾随零"复选框中的钩号去除，将"角度显示"组的"尾随零"复选框中的钩号去除，如图 2.4-1 所示。

➢ 选择"显示"标签，在"终止方式"组的"大小（X）（Z）"中，将 2.50mm 改为 1.50mm，将"高度（Y）（H）"中的 1.00mm 改为 0.60mm，使标注的箭头变小。将"A：延伸（E）"中的 3.18mm 改为 1.00mm，将"C：间隙（G）"中的 0.76mm 改为 0.25mm，其余默认，单击"保存"按钮，如图 2.4-2 所示。

➢ 将对话框中"内部连续尺寸终止方式"的"小点"，改为"填充的"箭头方式，并保存，如图 2.4-3 所示。

➢ 在左侧列表的"A 文本"选项中，选择"注释文本（ISO）"选项，在"字符格式"组中，将"文本高度（T）"中的 3.50mm 改为 2.50mm，单击"保存并关闭"按钮，如图 2.4-4 所示。

➢ 在"标注"主菜单中，单击"通用尺寸"图标，如图 2.4-5 所示。

➢ 对左上角的视图进行尺寸标注，完整的标注效果如图 2.4-6 所示。

图 2.4-1　单位设置

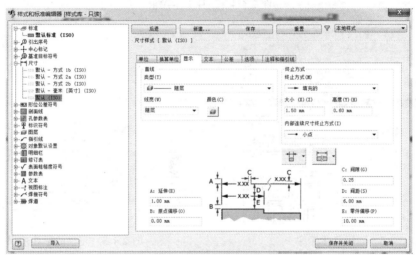

图 2.4-2　显示设置

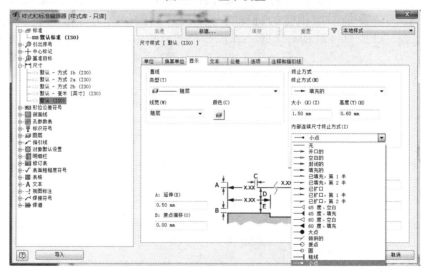

图 2.4-3　尺寸终止方式设置

图 2.4-4　注释文本编辑

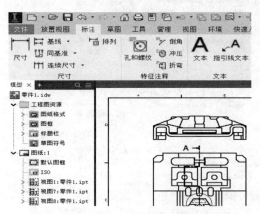

图 2.4-5　通用尺寸标注

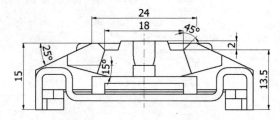

图 2.4-6　完整的标注效果

➢ 在初次标注尺寸时，会随着一个尺寸标注完成后，将出现"编辑尺寸"对话框。该对话框的作用主要是添加相应的特殊符号或尺寸的前缀等，一般会将该对话框中的"在创建后编辑尺寸"复选框钩号去除，在标注尺寸时将不会显示，如图 2.4-7 所示。

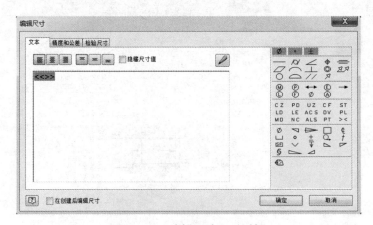

图 2.4-7　"编辑尺寸"对话框

➤ 标注尺寸时，只需用指针点取尺寸之间的线段或两个特征点等，然后移动指针，确定尺寸放置的位置即可。创建如图 2.4-8 所示的各个线型尺寸，如果需要对某个尺寸进行编辑或修改，只要双击该尺寸进入"编辑尺寸"对话框即可。

➤ 对于该图中的某些角度标注，需要添加辅助线作为角度的尺寸界线。在当前界面中，单击"开始创建草图"图标，选择该视图，绘制一条水平线，如图 2.4-9 所示，再单击"完成草图"图标。

➤ 单击"通用尺寸"图标对角度进行标注，如图 2.4-10 所示。

➤ 用同样的方法完成对其他位置角度的标注。单击"对分中心线"图标，分别选择该视图中互相对称的轮廓线，完成中心线的绘制，如图 2.4-11 所示。

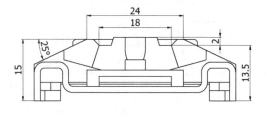

图 2.4-8　标注尺寸　　　　　　　　　　图 2.4-9　添加辅助线

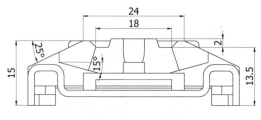

图 2.4-10　角度的标注　　　　　　　　图 2.4-11　中心线的添加

➤ 继续完成如图 2.4-12 所示的标注。

➤ 单击"中心标记"图标，对图 2.4-13 所示的视图添加相应特征的中心线，分别选择孔特征的轮廓线即可。如果中心线过短，将鼠标指针移动到中心线上，选择中心上的特征点，按住左键不放进行拖动；单击"对分中心线"图标添加视图中心线，也可以单击"中心线"图标创建视图中心线。

➤ 单击"通用尺寸"图标，对如图 2.4-14 所示的视图进行尺寸标注。

➤ 视图中的 4-R1.5、4-R1 与 2-3（我国机械制图标准中应分别为 $4 \times R1.5$、$4 \times R1$ 与 2×3）等尺寸的前缀，需要再次添加，一般先标注好特征的尺寸，然后双击该尺寸，出现"编辑尺寸"对话框，在该对话框中添加"4-"数字与短横线，确定完成，如图 2.4-15 所示。其他前缀的添加，方法相同。

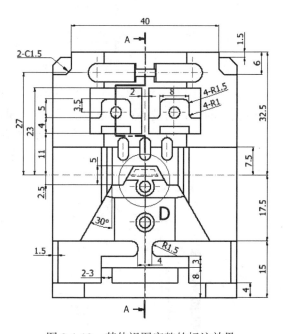

图 2.4-12　其他视图完整的标注效果

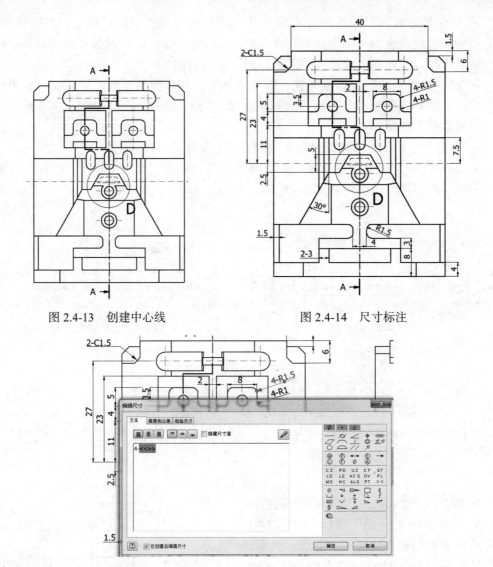

图 2.4-13　创建中心线　　　　　　　　　图 2.4-14　尺寸标注

图 2.4-15　编辑尺寸

➢ 视图中左上角的倒角尺寸 1.5×45° 的标注，可通过"倒角注释"创建，方法是先选择被倒角的边，再选择被倒角边的任意邻边即可，如图 2.4-16 所示。默认倒角的指引线文本方向是"对齐"模式，可以更改倒角引线的方式，选择倒角尺寸，右击出现快捷菜单，如图 2.4-17 所示，选择"编辑尺寸样式（S）"命令，出现"样式和标准编辑器"对话框。

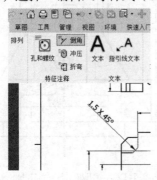

图 2.4-16　倒角尺寸标注

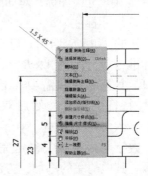

图 2.4-17　编辑尺寸样式快捷菜单

➢ 在对话框中，可以通过"指引线样式（L）"组进行指引线文本方向设置，单击"水平"按钮，如图 2.4-18 所示。

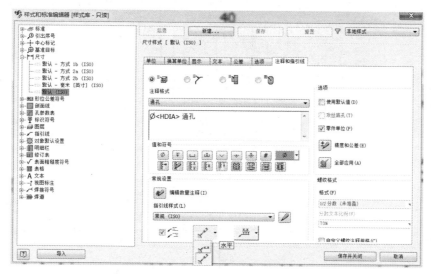

图 2.4-18　指引线文本方向设置

➢ 单击对话框中的"保存并关闭"按钮，可以看到指引线文本方向的改变，如图 2.4-19 所示。如果需要将倒角尺寸的方式改为 2-C1.5，双击该尺寸，出现"编辑倒角注释"对话框，如图 2.4-20 所示，将对话框中的 X<ANGL> 去除，将 2-C 添加到 <DIST1> 前面即可。

➢ 如图 2.4-21 所示，在"编辑倒角注释"对话框中，修改后为"2-C<DIST1>"，确定完成。

➢ 该视图中的连续尺寸可以通过"通用尺寸"命令进行逐个标注，也可以通过"连续尺寸"命令标注，方法是将所有作为尺寸界线的轮廓线，依次选择完成，在右击出现的快捷菜单中选择"继续"命令，如图 2.4-22 所示。

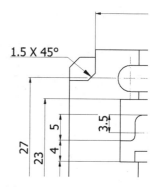

图 2.4-19　指引线方向改变

图 2.4-20　编辑倒角注释

图 2.4-21　添加注释文字

➢ 此时出现三个连续尺寸，移动鼠标指针，将显示的连续尺寸移动到适当位置，单击确定尺寸位置后，右击出现的快捷菜单中选择"创建"命令，如图 2.4-23 所示。

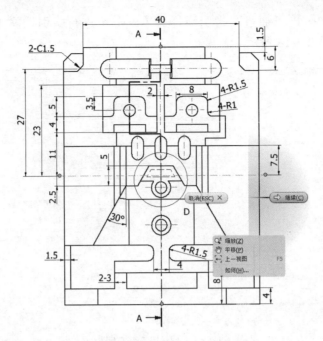

图 2.4-22　连续尺寸的标注

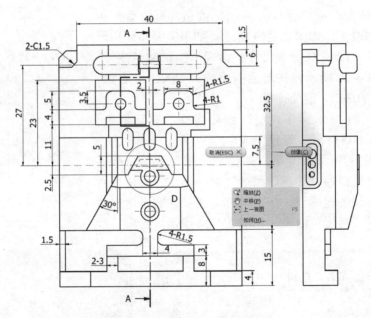

图 2.4-23　连续尺寸创建的效果

➢ 对左下角的视图进行标注，可以通过"通用尺寸"命令进行标注，并单击"中心线"命令创建中心线，完成的视图效果如图 2.4-24 所示。

➢ 该视图中角度尺寸界线的创建方法与前面相同。视图中的 4mm、12mm、15mm 三个尺寸的标注也可以通过选择"基线尺寸"命令创建，选择该命令后，依次选择如图 2.4-25 所示的四条轮廓界线，在右击出现的快捷菜单中选择"继续"命令。

➢ 接着移动鼠标指针，确定尺寸放置的位置，在右击出现的快捷菜单中选择"创建"命令，完成基线尺寸的标注，如图 2.4-26 所示。

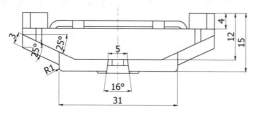

图 2.4.24　完成的视图效果

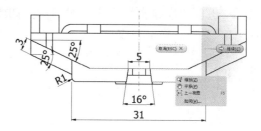

图 2.4-25　基线尺寸的标注

➢ 对中间视图进行标注，完成后的完整标注如图 2.4-27 所示。主要通过"通用尺寸""中心标记"命令完成，标注的方法及方式与前面相同，不在叙述。对于标注密集尺寸时，尺寸可能没有足够的空间放置，从而影响工程出图效率和美观，如三个小圆的直径尺寸，可以将这些尺寸文本改小，这就需要自定义尺寸标注样式。

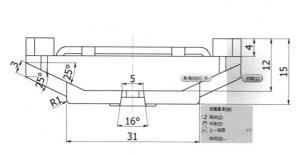

图 2.4-26　基线尺寸的创建效果

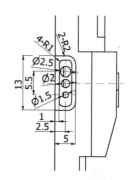

图 2.4-27　完整标注

➢ 单击"管理"主菜单中的"样式和标准编辑器"图标，出现"样式和标准编辑器"对话框。在该对话框中，选择左侧列表"A 文本"下列的任意默认方式，如图 2.4-28 所示，选择的是"标签文本（ISO）"选项，在右击出现的快捷菜单中选择"新建样式"命令。

图 2.4-28　新建文本样式

➢ 出现"新建本地样式"对话框，如图 2.4-29 所示，将默认的名称改为自定义的名称，如"1.5"，确定完成。

图 2.4-29　本地样式的命名

➢ 继续在"样式和标准编辑器"对话框中，将"文本高度"文本输入框的 5.25mm 改为 1.5mm，并保存，如图 2.4-30 所示。

图 2.4-30　编辑新文本高度

➢ 继续选择左侧列表中的"尺寸"，选择其下列的任意方式。如图 2.4-31 所示，选择的是"默认（ISO）"选项，在右击出现的快捷菜单中选择"新建样式"命令。

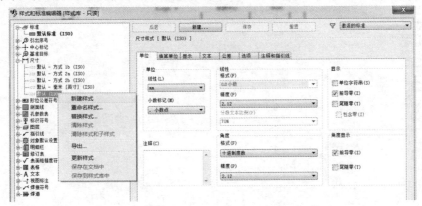

图 2.4-31　新建尺寸样式

➢ 出现"新建本地样式"对话框，如图 2.4-32 所示，将默认的名称改为自定义的名称，如"新 1.5"，确定完成。此时的"尺寸样式"是继承"默认（ISO ）"的样式。

图 2.4-32　新尺寸样式的命名

➤ 在"文本"选项中，将"编辑文字样式"图标左侧的"注释文本（ISO）"改为前面自定义的"1.5"，如图 2.4-33 所示，保存并关闭。

图 2.4-33　采用新的注释文本

➤ 将三个小圆的直径尺寸全部选中，在主菜单"标注"模式下，将右侧的工具栏中默认的"按标准"方式选择为"新 1.5"方式，此时被选中直径尺寸的文本字体将变小，如图 2.4-34 所示。

➤ 对 A-A 视图进行标注，完成后的完整标注，如图 2.4-35 所示。主要通过"通用尺寸""对分中心线"命令完成，标注的方法及方式与前面相同，不在叙述。对于视图中标注 ϕ3mm 与 ϕ5mm 两个直径尺寸时，先用"通用尺寸"命令标注线型尺寸，然后通过右击进

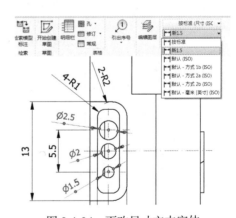

图 2.4-34　更改尺寸文本字体

入快捷菜单的方式，如图 2.4-36 所示，选择"编辑"或者"文本"命令进入对话框。

➤ 在图 2.4-37 所示对话框中，选择直径符号添加到尺寸前面；也可双击线型尺寸，出现如图 2.4-37 所示的对话框，添加直径符号。

➤ 分别对 B 视图、C-C 视图、E-E 视图进行标注，完成后的完整标注分别如图 2.4-38a、b、c 所示。主要通过"通用尺寸""对分中心线""中心标记"命令完成，标注的方法及方式与前面相同，不在叙述。

➤ 对 D 视图进行标注，完成后的完整标注如图 2.4-39 所示。主要通过"通用尺寸""中心标记"及"开始创建草图"命令完成，标注的方法及方式与前面相同，不在叙述。

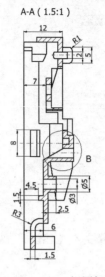

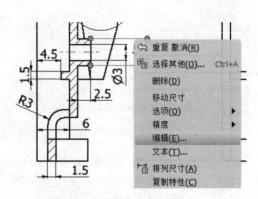

图 2.4-35　A-A 视图标注　　　　　　　图 2.4-36　线型尺寸的编辑

图 2.4-37　添加直径符号

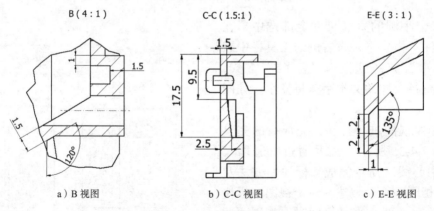

a）B 视图　　　　　　b）C-C 视图　　　　　　c）E-E 视图

图 2.4-38　视图的完整标注

➤ 注意该视图中的水平中心线需要通过自定义完成，通过"开始创建草图"命令，选择 D 视图，绘制一条水平线，并标注尺寸，完成草图创建，如图 2.4-40 所示。选择该水平线，在右击出现快捷菜单中选择"特性"命令，如图 2.4-41 所示。

➤ 出现"草图特性"对话框，选择线型为"点划线"；单击"颜色"图标，出现颜色对话框，选择红色，分别确定完成草图绘制，如图 2.4-42 所示。

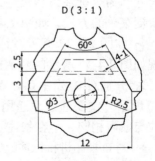

图 2.4-39　D 视图的完整标注

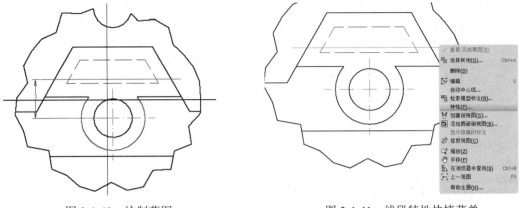

图 2.4-40　绘制草图　　　　　　　　　图 2.4-41　线段特性快捷菜单

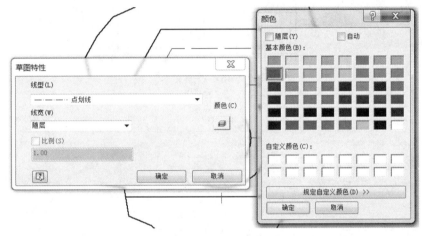

图 2.4-42　线段的特性修改

> 对右侧视图进行完整标注，如图 2.4-43 所示。主要通过"通用尺寸""中心标记"及"开始创建草图"命令完成，标注的方法及方式与前面相同，不在叙述。

> 对右上侧视图进行完整标注，如图 2.4-44 所示。主要通过"通用尺寸""中心线"命令完成，标注的方法及方式与前面相同，不在叙述。

> 在 A3 图纸左下角空白处，添加"技术要求"。单击"文本"图标，如图 2.4-45 所示，移动鼠标指针，在空白处单击确定位置。

> 出现"文本格式"对话框，在对话框中输入技术要求等文字，如图 2.4-46 所示，并选取对话框中的所有文字，将字体 2.50mm 改为 3.50mm，确定完成。

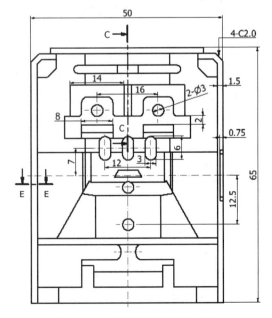

图 2.4-43　视图的完整标注效果

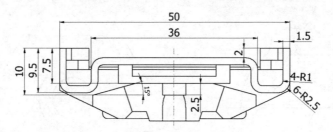

图 2.4-44　视图的完整标注效果

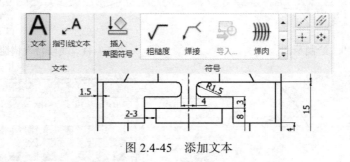

图 2.4-45　添加文本

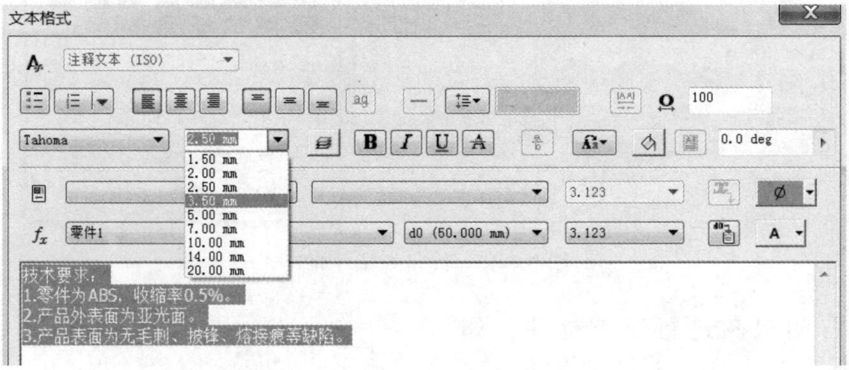

图 2.4-46　添加文本的内容

> 单击"保存"图标后，关闭当前窗口。根据前面设置的项目 E:\ 造型设计，通过计算机打开"造型设计"文件，显示保存文件。保存后的文件内容如图 2.4-47 所示。模型工程出图的效果如图 2.4-48 所示。

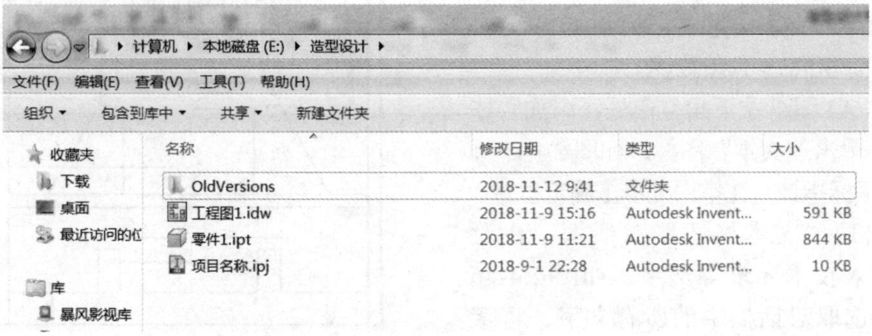

图 2.4-47　保存后的文件内容

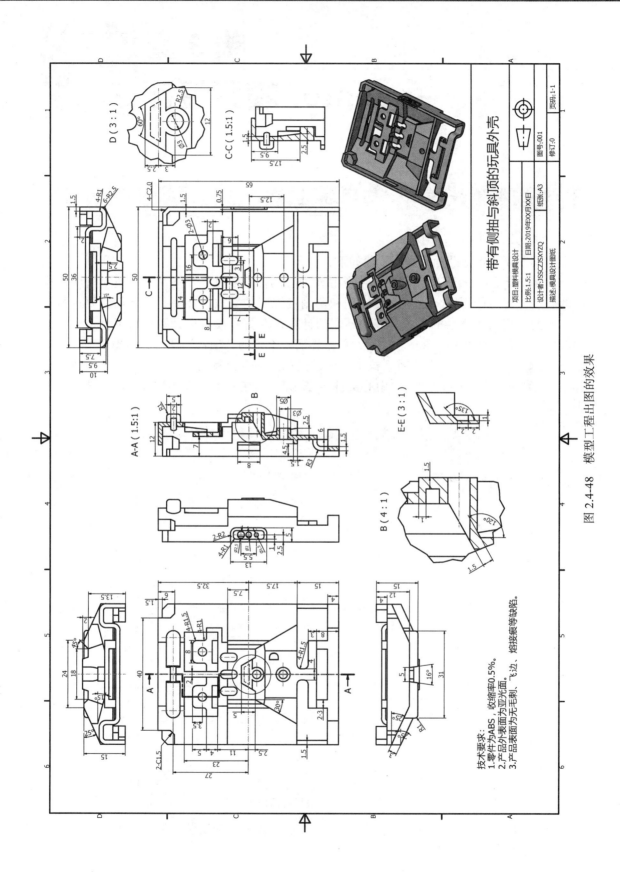

图 2.4-48　模型工程出图的效果

第3章

Inventor 模具设计

3.1　模具设计初始化与毛坯设置

3.1.1　模具设计初始化设置

模具设计初始化设置的操作步骤如下：

➢ 在模具设计过程中，需要调用资源库中心的标准零件。不同的计算机对资源库中心的安装位置可能不同，为了方便管理和调用资源库的数据，在模具设计前，要进行存储文件的自定义和路径的设置，以使不同的计算机在打开模具设计数据时不会造成标准件数据的丢失。打开 Inventor 软件后，单击界面左上角的"项目"图标，出现"项目"对话框，如图 3.1-1 所示。在该对话框中，项目名称及项目位置与前面一样，不做更改。选择"文件夹选项"下列的"资源中心文件 =[默认]"，在右击出现的快捷菜单中选择"编辑"命令。

图 3.1-1　项目对话框

➢ 此时的"资源中心文件 =[默认]"将显示资源中心的安装位置，如图 3.1-2 所示，单击其安装位置的右侧图标。

图 3.1-2　资源中心安装位置

> 在出现的"浏览文件夹"对话框中，找到 E：\ 造型设计，在"造型设计"文件夹中创建"新建文件夹"，改名为"bzj"，单击"确定"按钮，如图 3.1-3 所示。在"项目"对话框中单击"保存""完毕"等按钮。在模具设计过程中，自定义零件的数据将保存在"bjz"文件夹中。

图 3.1-3　自定义文件夹

> 在"快速入门"主菜单下，单击"打开"图标，出现"打开"对话框。在对话框中选择"零件 1"选项，如图 3.1-4 所示，单击"打开"按钮，同时可以看到对话框中创建的"bjz"文件夹。

图 3.1-4　创建的"bjz"文件夹

> 在"环境"主菜单下，单击"创建模具设计"图标，如图 3.1-5 所示。

> 出现"创建模具设计"对话框，对话框中模具设计文件名为"模具设计 1"，模具设计文件位置为 E：\造型设计\模具设计 1，如图 3.1-6 所示。单击"确定"按钮，进入模具设计界面。

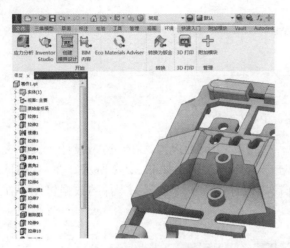

图 3.1-5　创建模具设计　　　　　　图 3.1-6　模具设计文件与存储路径

> 在模具设计界面中，将出现零件俯视图形，右击后出现快捷菜单，选择"与零件 - 坐标系对齐"命令，如图 3.1-7 所示，单击后系统将加载模型并自动固定其位置。

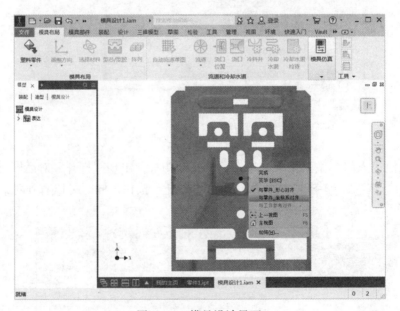

图 3.1-7　模具设计界面

> 另外要注意模型的视觉效果的切换，有时为了看清特征的轮廓，需要显示为带边着色。通过选择主菜单"视图"下方的"视觉样式"中"带边着色"命令，如图 3.1-8 所示，系统一般默认是着色状态。另外可以通过导航栏右下角按钮，展开快捷菜单，添加"视觉样式"，便于后续的视觉样式的切换选择，如图 3.1-9 所示。

图 3.1-8　视觉样式

图 3.1-9　视觉样式的添加

➢ 在模具设计界面上，单击左上角"保存"图标，出现"保存"对话框。在对话框中，将显示四个初始保存的文件，单击"确定"按钮，如图 3.1-10 所示。后续在模具设计过程中，要注意设计数据的阶段性保存，防止设计数据出错，造成死机、闪退等问题。

➢ 在主菜单"模具布局"选项中，单击"调整方向"图标，出现"调整方向"对话框，如图 3.1-11 所示。在设计区域，模型上显示有箭头方向，箭头的指向为模型的顶出方向即脱模方向。如果加载的脱模方向出错，可在"调整方向"对话框中进行修改。图 3.1-11 所示的脱模方向与顶出方向一致，可不做调整，默认即可。

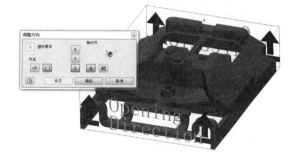

图 3.1-10　保存初始文件

图 3.1-11　脱模方向

➢ 选择"型芯 / 型腔"图标，出现软件提供的模具设计所需要的各种图标，单击"零件收缩率"图标，出现其对话框，如图 3.1-12 所示。在对话框中保持收缩率各项同性，根据模型图样的技术要求，材料的收缩率为 0.5。

3.1.2　毛坯设置

毛坯设置的操作步骤如下：

➢ 单击"定义毛坯设置"图标，出现的"定义毛坯设置"对话框中，显示了"产品尺

图 3.1-12　设置零件收缩率

寸"的信息，如图 3.1-13 所示。显示的数值表示该模型在 X、Y、Z 三个方向上的最大轮廓包络尺寸。在对话框中选择"按参考"选项，根据型腔侧壁厚度的设计标准，将型腔侧壁厚度设置在 25~60mm。

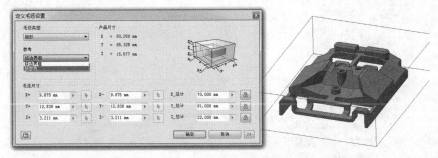

图 3.1-13　产品尺寸与参考设置

➤ 取侧壁尺寸为 40mm，产品尺寸 X=50.250mm，所以 X 方向的总长为 40mm×2+50.25mm=130.25mm，在"X_总计"中输入整数 130；Y=65.325mm，取相同侧壁尺寸 40mm，Y 方向的总长为 40mm×2+65.325mm=145.325mm，在"Y_总计"中输入整数 145。如图 3.1-14 所示，XY 平面内的毛坯尺寸为 130mm×145mm。

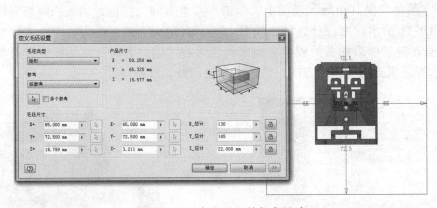

图 3.1-14　定义毛坯的长宽尺寸

➤ 将"多个参考"复选框选中，就可以通过选择模型的面作为参考，确定 Z 方向的壁厚。先在对话框中单击 Z+ 文本输入框后面的"选择参考对象"按钮，然后旋转模型，选择模型的底面作为参考面，如图 3.1-15 所示。

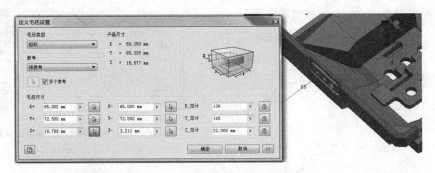

图 3.1-15　毛坯高度尺寸的参考面

➤ 根据型腔壁厚设计要求，型腔侧壁厚度设置在 25~60mm。已知产品尺寸 Z=15.577mm，取型腔高度方向的壁厚尺寸为 30mm，Z+ 方向的高度为

30mm+15.577mm=45.577mm，取整为 45mm；取型芯高度方向的壁厚尺寸为 35mm。在"毛坯尺寸"的"Z+"与"Z-"文本输入框中分别输入整数 45 与 35，如图 3.1-16 所示。

➢ 完成毛坯定义的最终效果，如图 3.1-17 所示，可以看到一个透明的毛坯将产品包络在里面。

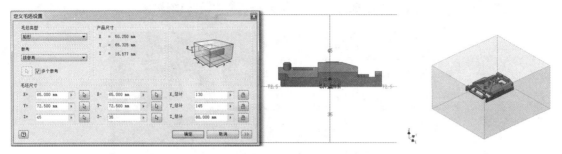

图 3.1-16　定义毛坯的高度尺寸　　　　　　图 3.1-17　设置毛坯的效果

3.2　分型面的设计

3.2.1　自动补面

自动补面的操作步骤如下：

➢ 单击"创建补孔面"图标，出现"创建补孔面"对话框，在该对话框中单击"自动检测"按钮，如图 3.2-1 所示。

图 3.2-1　创建补孔面

➢ 系统将根据模型上存在的孔进行检测并填补，如图 3.2-2 所示。模型中的孔自动补片后，在对话框中形成补片列表，在列表中可发现，有的补片是成功的，有的补片是不成功的，原因在于系统能对规则的或简单孔进行补片，但对复杂的孔不能进行补片。

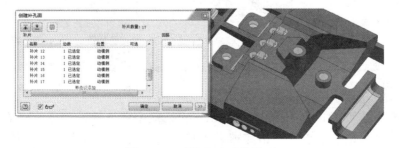

图 3.2-2　系统自动对孔补片

➤ 生成的列表中"补片 2"是非规则的孔边，有 17 条边，由于有些边不在同一平面或曲面上，相连接的边造成歧义，系统无法进行识别补片，如图 3.2-3 所示。注意，"补片 2"中的数字"2"是系统编排的号码，不同软件版本或不同操作方法，编排的号码可能不是"2"，也可能是其他数字，读者只需要单击非规则孔的内轮廓，对话框中相对应的补片选项将被选中，然后通过被选中的该项，再进行相关的编辑。

图 3.2-3　有歧义的边孔不能自动补片

➤ 通过把系统选择的歧义边删除，添加正确的边，完成补片。先在对话框中，将隐藏选项展开，如图 3.2-4 所示，将"选择模式"中的"回路"改为"边"。

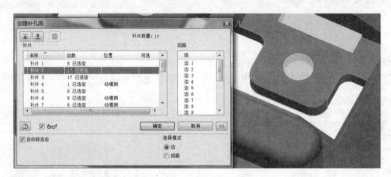

图 3.2-4　更改选择模式

➤ 在模型上，选择该孔的边界边后，按住键盘上〈Shift〉键，用鼠标选择模型上该孔的歧义孔边，出现另一个"创建补孔面"对话框，单击"是"按钮，如图 3.2-5 所示。

➤ 继续按住键盘上〈Shift〉键，选择多余的边去除，最终去除歧义孔边的效果如图 3.2-6 所示。

图 3.2-5　点选歧义孔边　　　　图 3.2-6　去除歧义孔边的效果

➤ 接着选取需要的边，如图 3.2-7 所示，对话框中默认的是"自动链选边"，相切的边将加亮变红，为预选状态，单击完成。也可以将"自动链选边"的复选框钩号去除，进行单条边逐个选择。

➢ 当选择完添加的边后，系统将自动生成新的补片，如图 3.2-8 所示。

图 3.2-7　添加正确的孔边　　　　　　　图 3.2-8　自动生成新的补片

➢ 将另外一个相同的非规则孔，用同一方法进行补片，最终效果如图 3.2-9 所示。

图 3.2-9　修改另一侧的孔边并填补

➢ 还要注意的是，有的孔在系统自动补片后，不利于模具的设计，不符合模具的设计原则。如图 3.2-10 所示，对于侧边的三个小孔，系统对外轮廓的孔口进行了补片，按照此方式的补片，该孔成型结构就变成了内抽芯结构，增加了模具结构的复杂程度。因此，单击其中一个孔口的补片边，对话框中该补片的项目将被选中，在对应的"位置"下，将"动模侧"改为"定模侧"。另外两个侧孔的操作方法相同，最终效果如图 3.2-11 所示。

图 3.2-10　改变补片的位置

图 3.2-11　其他孔补片位置的更改

➢ 在模型的内表面中，有一个长方形内槽，如图 3.2-12 所示。该槽被系统自动补片，形成了一个独立的封闭空间。该孔的成型需要设计斜顶结构，不需要进行补片。先通过选择模型上该槽的补片边，再选择对话框中对应的"补片 7"，右击后出现快捷菜单，选择"删除"命令，出现"删除"对话框后，单击"是"按钮。注意，"补片 7"中的"7"是系统生成的数字号码，由于版本或操作方法的不同，生成的数字可能不是"7"，可能是其他数字，读者只需要选择要编辑的补片轮廓，对话框中相对应的补片选项将被选中，对该项进行相关编辑即可。

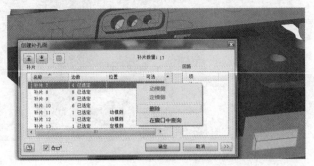

图 3.2-12　删除内槽补片

➢ 删除后的效果，如图 3.2-13 所示，单击"确定"按钮，完成操作。

➢ 其余孔的填充，采用系统自动生成的补片，不做修改，如图 3.2-14 所示。

图 3.2-13　删除内槽补片的效果

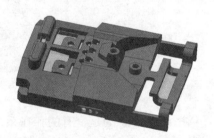

图 3.2-14　采用的补片

3.2.2　自定义补面

自定义补面的操作步骤如下：

➢ 单击"编辑注塑零件"图标，进入"三维模型"界面，单击"拉伸"图标，选择如图 3.2-15 所示的平面进行草绘。

➢ 绘制如图 3.2-16 所示的线段，主要通过投影和线段命令绘制孔的内轮廓边界，注意要完全约束。

图 3.2-15　选择草绘平面

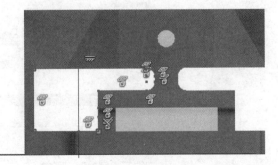

图 3.2-16　绘制草图

➢ 单击"拉伸"图标，出现"拉伸"对话框。在该对话框中，选择拉伸的范围为"到"选项，如图 3.2-17 所示，选择下表面，作为拉伸的终止面，单击"输出"中的"曲面"按钮。

图 3.2-17　拉伸曲面

➢ 单击"边界嵌片"图标后，单击上一步拉伸曲面孔口的边界，系统对曲面进行口部封闭，单击"确定"按钮，完成孔口边界进行封闭，如图 3.2-18 所示。

图 3.2-18　边界嵌片补孔

➢ 由于拉伸曲面和口部的封闭平面是两个独立片体，需要对它们进行缝合。单击"缝合曲面"图标，选择拉伸面和其口部的平面，单击"应用"按钮，完成缝合，如图 3.2-19 所示。

图 3.2-19　缝合曲面

➢ 对缝合的曲面，进行镜像。单击"镜像"图标，选择如图 3.2-20 所示的缝合面后，在"镜像"对话框中，单击"基准 YZ 平面"按钮，完成另一侧的曲面镜像。

图 3.2-20　镜像曲面

➢ 选择如图 3.2-21 所示的前端平面进行草绘。

➢ 绘制一条直线，完成草图，如图 3.2-22 所示。

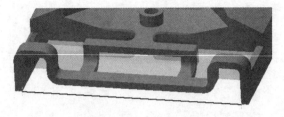

图 3.2-21　选择草绘平面　　　　　　　　图 3.2-22　绘制草图

➢ 继续选用"边界嵌片"的方法对如图 3.2-23 所示的封闭区域进行补片。注意选择草图边界时，如果"自动链选边"复选框处于激活状态，可能形成的平面不是预期的平面，应根据需要将复选框中的钩号去除。

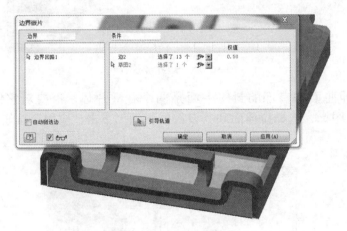

图 3.2-23　边界嵌片补孔

➢ 单击"规则曲面"图标，出现"规则曲面"对话框。在该对话框中，单击"切向"按钮，选择如图 3.2-24 所示的特征轮廓线。一共选择了三段轮廓线，如图 3.2-25 所示。

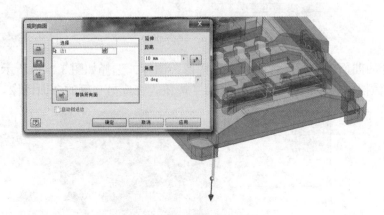

图 3.2-24　规则曲面延伸

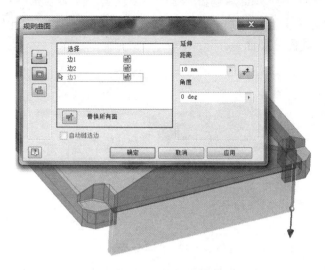

图 3.2-25　三段轮廓线延伸

➤ 在"规则曲面"对话框中，单击"距离"文本框中的箭头按钮，出现下拉菜单，选择"测量"命令，如图 3.2-26 所示。

➤ 选择如图 3.2-27 所示的特征底面，作为测量距离的开始端面。

图 3.2-26　测量延伸距离

图 3.2-27　测量的起始参考面

➤ 选择如图 3.2-28 所示的另一特征底面，作为测量距离的结束端面。

➤ 通过测量获得的延伸距离为 4.020mm，如图 3.2-29 所示，单击"确定"按钮，完成规则曲面的延伸。单击"返回"图标，结束"编辑注塑零件"操作。

图 3.2-28　测量的结束参考面

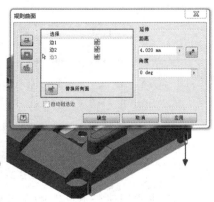

图 3.2-29　延伸距离

➢ 单击"创建分型面"图标后，选择如图 3.2-30 所示模型底面轮廓的两个边界，创建出一定长度的两个共面分型面。

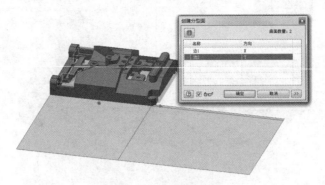

图 3.2-30　创建分型面

➢ 要注意如图 3.2-31 所示的轮廓线是不能被选择，因此不能用来创建分型面的，因为图中分型面与前面步骤中的延伸面相交，可能导致分模失败，所以当前创建的分型面要避免与其他面形成干涉。将该边生成的分型面删除，在对话框中选择该项，按键盘上的〈Del〉键即可。

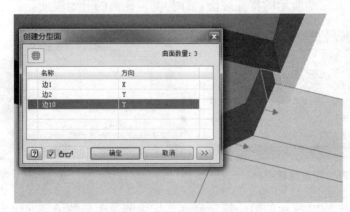

图 3.2-31　删除错误的分型面

➢ 在另外一侧，继续选择如图 3.2-32 所示的模型底面轮廓，生成分型面。

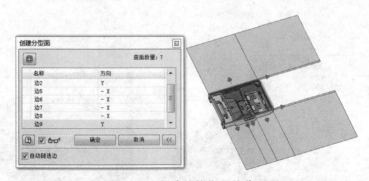

图 3.2-32　创建其他位置的分型面

➢ 完成"创建分型面"的命令后，创建的分型面效果如图 3.2-33 所示。在图 3.2-33 中，分型面还有空缺区域，需要继续进行填补创建。

➢ 单击"拉伸生成分型面"图标，然后选择图 3.2-34 所示的面边界进行拉伸，再单击"Y"按钮。注意对话框中拉伸方向图标的切换。

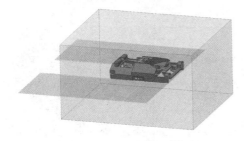

图 3.2-33　创建的分型面效果

图 3.2-34　拉伸生成分型面

➢ 拉伸生成的分型面效果如图 3.2-35 所示。

➢ 单击"编辑注塑零件"图标，进入"三维模型"界面，单击"开始创建二维草图"图标，选择前面创建的任一分型面，作为草绘平面，绘制如图 3.2-36 所示的草图。通过投影和线段等命令，形成三个封闭的轮廓线，注意完全约束。

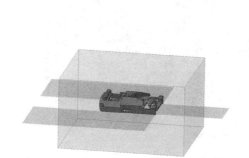

图 3.2-35　拉伸生成的分型面效果

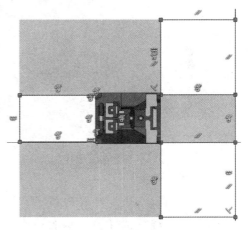

图 3.2-36　绘制草图

➢ 其中左侧的草图，要注意角落线段绘制的细节，如图 3.2-37 所示。

➢ 完成草图后，单击"边界嵌片"图标，选择封闭轮廓，形成补片，如图 3.2-38 所示。

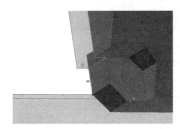

图 3.2-37　左侧草图的绘制细节

图 3.2-38　边界嵌片补孔

➢ 确定后返回，主要分型面创建的效果如图 3.2-39 所示。

➢ 前面创建的部分补片和分型面片体是由"编辑注塑零件"相关命令创建得到，不是在"型芯 / 型腔"操作界面中进行创建的，还需要在"型芯 / 型腔"界面里进一步指定哪些补片是补孔面，哪些补片是分型面。单击"使用已有面"图标，在"使用已有面"对话框中默认的输出为"补孔面"，选择如图3.2-40所示的补孔面为三个面，分别是"缝合曲面1""镜像1"和"边界嵌片9"。

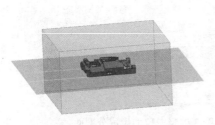
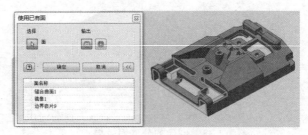

图3.2-39　主要分型面创建的效果　　　　　　图3.2-40　使用已有面定义

➤ 接着选择前面"边界嵌片"创建的三个平面，三个平面是作为一个整体被选择的。此处的三个平面从理论上讲应该作为分型面输出，本步骤不做任何修改，同样以补孔面输出，如图3.2-41所示。

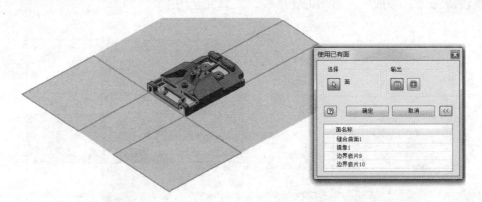

图3.2-41　定义三个平面

➤ 旋转模型，继续选择另一端的补片，该补片是前面用"规则曲面"创建的片体，作为补孔面输出，如图3.2-42所示。要注意，在"使用已有面"对话框中，也可将上述选择的所有补面作为"分型面"输出。因为模型内轮廓形成的孔，所填充的面是"分型面"的特殊形式，也属于分型面的一种，所以创建的任何面片既可作为分型面输出，也可作为补孔面输出，最终的分模效果是相同的。

图3.2-42　定义规则曲面

3.2.3　毛坯分模

毛坯分模的操作步骤如下：

➤ 单击"生成型芯型腔"图标，出现"生成型芯型腔"对话框，如图3.2-43所示。在该对话框中进行设置，系统将根据前面所创建的各个补孔面和分型面使毛坯分成两个零件，分别为"型腔体"与"型芯体"，选择"体分离"的移动块，拖动到100，可以检查两个零件的结构是否与分模的预期相同。如果发现零件上相应的结构存在工艺问题，说明设计的分型面不合理，需要重新修改相应位置的补孔面或分型面。方法是在"模具设计"导航器中，找到对应操作项选中后，在右击出现的快捷菜单中，选择"编辑特性"命令重新定义即可。

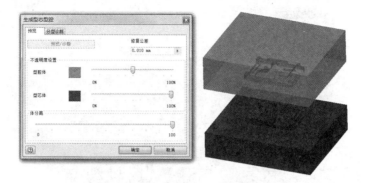

图 3.2-43　创建型芯与型腔

➤ 单击"完成型芯／型腔"图标后，整体分模后的效果如图 3.2-44 所示，型腔零件显示为透明体，型芯零件为非透明体。

➤ 为了进一步观察零件结构，可以将观察的零件单独打开。方法是先要指定选择对象的方式，如图 3.2-45 所示，在界面上，默认的是"选择零部件优先"，其主要是用来选择具有装配关系的零部件，但为了选取具体的单一零件，需要选取"选择零件优先"选项。

图 3.2-44　整体分模后的效果

图 3.2-45　观察方式的选择

➤ 然后通过鼠标指针选择型芯或型腔零件，在右击出现的快捷菜单中，选择"打开"命令，如图 3.2-46 所示。被选的对象将单独以一个窗口显示，便于后期相关的结构设计。

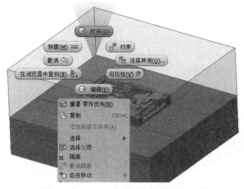

图 3.2-46　右击快捷菜单的选项

➢ 也可以通过模具设计的左侧导航器，打开型芯和型腔，选择"型腔"，在右击出现的快捷菜单中，选择"打开"命令，效果相同，如图 3.2-47 所示。

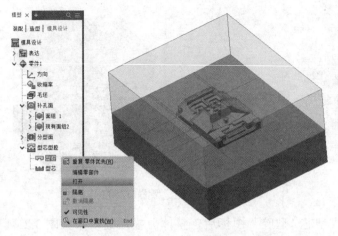

图 3.2-47　导航器的右击快捷菜单选项

➢ 打开后会出现"模具设计 1- 零件"窗口，如图 3.2-48 所示，即打开了型腔零件，另外还有"我的主页"与"模具设计 1"窗口。这些窗口可以用单击选取进行切换。用同样的方法打开型芯，如图 3.2-49 所示。

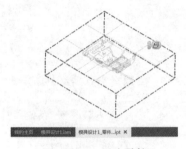

图 3.2-48　型腔零件

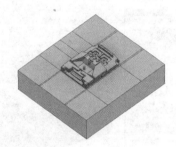

图 3.2-49　型芯零件

➢ 由于系统对型腔定义了透明显现，为了方便观察时将透明改为非透明，先将选择方式改为"选择实体"，再选择型腔体。在右击出现的快捷菜单中，选择"特性"命令，如图 3.2-50 所示，出现"实体特性"对话框。在该对话框中的"实体外观（B）"项里，选择相应项目，如图 3.2-51 所示。

图 3.2-50　快捷菜单选项

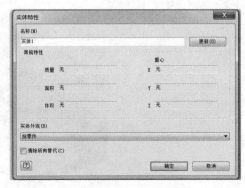

图 3.2-51　实体特性

➤ 如图 3.2-52 所示，选择"钢"的实体外观，其效果如图 3.2-53 所示。如果需要恢复，选择"透明"命令即可；也可在"模具设计"窗口，选择型腔零件后，在右击出现的快捷菜单中，选择"透明"命令，效果相同，此处不详述。至此分型面的设计与分模完成，保存即可。

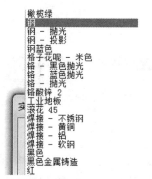

图 3.2-52　选择"钢"的实体外观

图 3.2-53　钢的实体外观效果

3.3　创建抽芯镶件

创建抽芯镶件的操作步骤如下：

➤ 继续单击"型芯/型腔"图标，如图 3.3-1 所示，单击"手动草图"图标，出现"手动草图"对话框。

➤ 选择如图 3.3-2 所示的平面为草绘平面，在"手动草图"对话框中，单击"确定"按钮。注意选择的草绘平面为设计侧抽芯结构的一侧。

图 3.3-1　手动草图

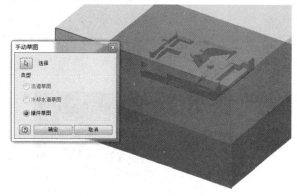

图 3.3-2　选择草绘平面

➤ 进入草绘环境后，通过"投影几何图元"方法，选择如图 3.3-3 所示的环形面。
➤ 出现的投影线如图 3.3-4 所示，完成草图，并单击"返回"，回到"模具设计"窗口。

图 3.3-3　投影环形面

图 3.3-4　投影线

➢ 单击"创建镶件"图标，出现"创建镶件"对话框。在该对话框中，选择"轮廓"中的"从草图"选项，如图 3.3-5 所示。

➢ 选择前面创建的草图，注意该草图是通过拾取面投影获得的两个回路，此时需要选择两次，如图 3.3-6 所示。

图 3.3-5　创建镶件

图 3.3-6　从草图创建镶件

➢ 在对话框中，接着单击"参考"按钮，选取型腔体，如图 3.3-7 所示。当鼠标指针移动到型腔上面时，显示为红色轮廓并选取，完成创建镶件。

图 3.3-7　型腔体为参考对象

➢ 单击"完成型芯 / 型腔"图标，并保存。完成的拆分侧抽芯镶件效果如图 3.3-8 所示，可以在导航器中选择"镶件 1"选项，单独打开观察其结构与形状，如图 3.3-9 所示。

图 3.3-8　拆分侧抽芯镶件效果

图 3.3-9　侧抽芯镶件

3.4　一模两腔结构设计

一模两腔结构设计的操作步骤如下：

➢ 单击"阵列"图标，出现"阵列"对话框。在该对话框的 Y 方向文本输入框中，输入 2，此时 Y 方向将阵列出相同的模型，如图 3.4-1 所示。

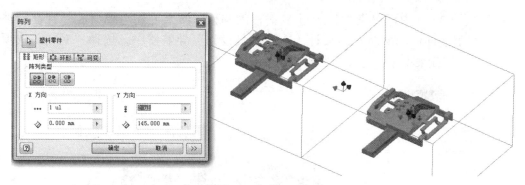

图 3.4-1　模型阵列

➤ 选择对话框中的"可变"标签，如图 3.4-2 所示。对"从上个阵列继承"的复选框打钩后，列表中会出现两个元素，即一模两腔布局。"Y 偏移"项对应的距离为 72.500mm 和 -72.500mm，从模型的正视图看，该距离为单个零件中心坐标到模具中心坐标的长度。两模型的间距较大，会使设计的分流道长度过长。

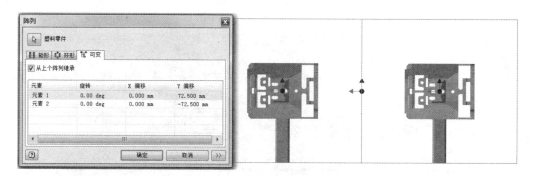

图 3.4-2　模型正视图观察

➤ 在定义毛坯时，可知产品 Y 方向的尺寸为 65.325mm，取整除 2 为 32.5mm，即产品一半的长度。本设计取分流道直径为 6mm，单向长度取直径的 1.5 倍为 9mm。进料方式设计成潜浇口形式。根据潜浇口设计原则，分流道长度方向的边界与模型轮廓间距取 3mm。因此，Y 方向需要的单向偏移距离为 32.5mm+9mm+3mm=44.5mm，取整为 45mm。同时在对话框中将元素 2 对应的"旋转"角度改为 180，使第二个模型旋转 180°，使抽芯位于另一侧，完成阵列，如图 3.4-3 所示。

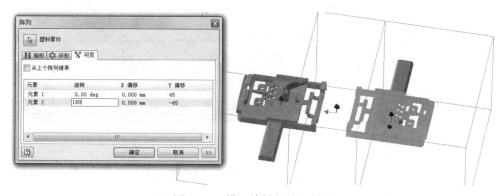

图 3.4-3　模型旋转与偏移设置

➢ 但从图 3.4-4 中可以发现，经过 Y 偏移的调整，两个毛坯与模型腔体存在干涉，需要对毛坯干涉部位的壁厚重新设计。在"模具设计"导航器中，选择"毛坯"选项，在右击出现的快捷菜单中，选择"编辑特征"命令。

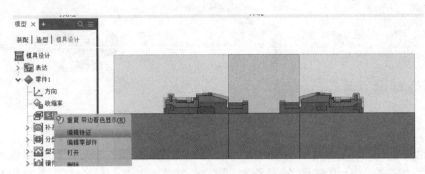

图 3.4-4　阵列的毛坯干涉

➢ 在"定义毛坯设置"对话框中，把毛坯尺寸"Y-"文本输入框中的数值改为 45，其余不变，如图 3.4-5 所示。

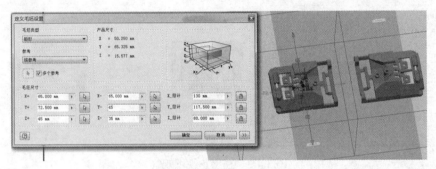

图 3.4-5　毛坯参数修改

➢ 完成定义毛坯设置的效果如图 3.4-6 所示，可以看到单个腔体左侧壁厚不变，右侧的壁厚缩小。单击"完成型芯 / 型腔"图标，完成毛坯的尺寸更改并保存。一模两腔的毛坯如图 3.4-7 所示。

图 3.4-6　完成定义毛坯设置的效果

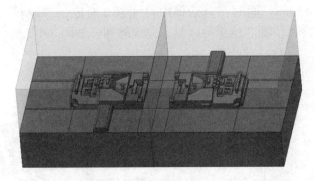

图 3.4-7　一模两腔的毛坯

➢ 选择"模具部件"主菜单，单击"合并型芯 / 型腔"图标，出现"合并型芯 / 型腔"对话框。在该对话框中要合并的型芯与要合并的型腔分别为 2，间隙为 0，选择的模式为

"对称合并"，如图 3.4-8 所示。阵列的型芯与型腔分别合并，形成了大的型腔体和型芯体。

图 3.4-8　合并型芯与型腔

➤ 在"模具设计"导航器，选择合并的型芯或型腔，在右击出现的快捷菜单中，通过"可见性"或"打开"命令观察各自的结构与形状，如图 3.4-9 所示并保存。

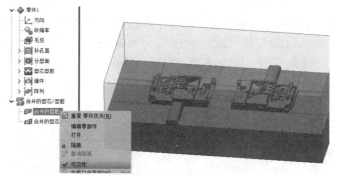

图 3.4-9　通过"打开"或"可见性"观察

3.5　流道结构设计

流道结构设计的操作步骤如下：

➤ 在"模具布局"主菜单下，单击"自动流道草图"图标，出现"自动流道草图"对话框。选取任一分型平面，作为流道草图的绘图平面，模型上将显示模具中心到流道终点的默认距离为 10mm 的线段，从对话框中可以看出是单向的流道长度，双击带有旋转箭头的圆弧，在出现的角度文本输入框中输入 90，流道草图将旋转 90°，如图 3.5-1 所示。

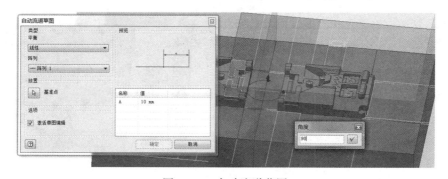

图 3.5-1　自动流道草图

➢ 根据前面设计的流道直径为 6mm，单向长度取直径的 1.5 倍为 9mm，但创建的流道线段长度不包括流道终点的半径，所以要将 9mm-3mm=6mm 作为流道线段的值。在对话框中，流道类型采用默认"线性"，将流道草图的值改为 6，如图 3.5-2 所示，确定完成，进入草图界面，如图 3.5-3 所示，显示单向草图尺寸。单击"完成草图"图标，进入三维模型界面，单击"返回"图标，进入"模具设计"窗口。

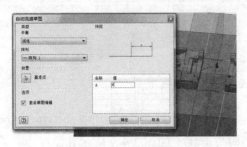
图 3.5-2　单向分流道长度

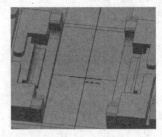
图 3.5-3　分流道草图

➢ 单击"流道"图标，出现"创建流道"对话框。在该对话框中将圆的直径改为 6，用鼠标指针选择前面创建的线段，此时的线段为两段，要分别选取，选取位置尽量在流道线段终点的部分，选取完成后将出现相应的分流道，将对话框的"冷料穴长度"改为 0，如图 3.5-4 所示，确定完成并保存。通过打开型芯体与型腔体可以看到创建的流道将自动求差，形成流道槽。

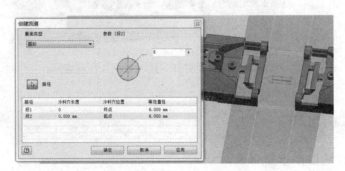
图 3.5-4　创建流道

➢ 如果塑件对外观要求较高，进料的方式采用潜浇口，本设计需要进行添加工艺柱。如图 3.5-5 所示，选择导航器中的"零件 1"，通过右击打开零件模型，绘制如图 3.5-6 所示的圆，直径为 3mm，距离产品中心为 30.5mm，圆心与产品中心共线。

图 3.5-5　打开塑件

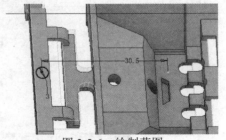
图 3.5-6　绘制草图

➢ 使用拉伸方法，拉伸距离为 15mm，与原模型求并，如图 3.5-7 所示。

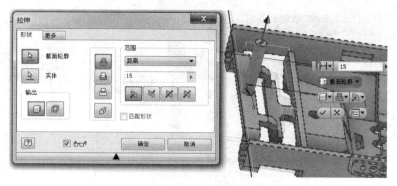

图 3.5-7　拉伸求和

➤ 关闭"模具设计 1- 零件 1-MP"窗口，出现对话框，单击"是"按钮，对当前更改的模型进行保存，如图 3.5-8 所示。

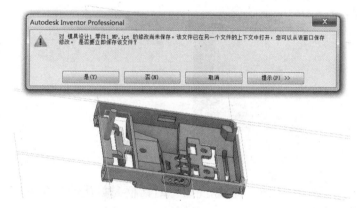

图 3.5-8　保存修改后的文件

➤ 在"模具设计 1"窗口中，可以看到"本地更新"图标激活加亮，如图 3.5-9 所示。由于前面对零件模型进行了修改，但对于模具设计中的模型还未及时更新，需要单击该加亮图标，使当前的模型更新。后续在每个设计过程中，如果发现其被激活，必须要及时单击该图标进行更新，使其恢复不可激活状态，如图 3.5-10 所示。该操作主要是防止更新数据较多，存在叠加，造成不能更新或更新错误，影响设计进程。

图 3.5-9　本地更新激活

图 3.5-10　本地更新恢复

➤ 在"模具布局"主菜单下，单击"浇口位置"图标，出现"浇口位置"对话框。通过选择"视角小方格"使模型视图正视，移动鼠标指针，在工艺柱上选择进料位置，如图 3.5-11 所示。

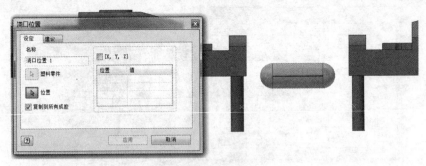

图 3.5-11　浇口位置

➤ 在"浇口位置"对话框中，将"复制到所有成腔"复选框打钩，并将 U 位置值改为 0.6，V 位置值改为 0.750，如图 3.5-12 所示，两个工艺柱上的内侧边缘将确定两个浇口位置点。

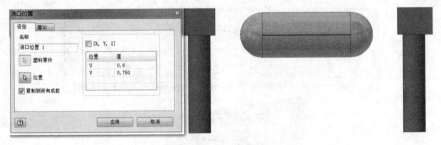

图 3.5-12　浇口位置参数设定

➤ 单击"浇口"图标，出现"创建浇口"对话框，默认的为矩形浇口，用鼠标指针选择工艺柱上的浇口位置点，如图 3.5-13 所示。

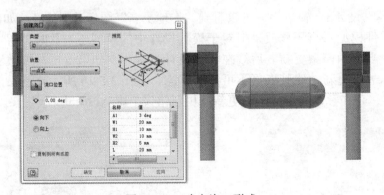

图 3.5-13　确定浇口形式

➤ 如图 3.5-14 所示，在对话框中，选择类型选择浇口类型为"潜入式"，输入 90，使浇口旋转 90° 或 270°，使其与分流道同向；选择"向上"，使潜浇口大端与分流道相交；根据对话框中潜浇口的示意图，确定进料口的直径 D 为 1mm，潜浇口轴心线与水平线的夹角 A1 为 45°；确定潜浇口大端单边夹角为 8°，旋转模型观察潜浇口大端部分是否比分流道大，如果大端比分流道尾部大，需要改变夹角，缩小端部尺寸，一般潜浇口大端处于分流道半圆球内。若需精确设计，也可查询相关设计手册。

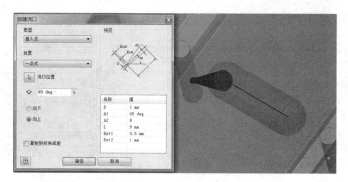

图 3.5-14　浇口参数设定

➤ 如图 3.5-15 所示，确定潜浇口长宽为 9mm，与分流道圆球部位相交即可；内侧 Ext1 为 0.5mm，使潜浇口小端保持 0.5mm 的过渡，而不是锥角过渡；外侧 Ext2 为 1mm，使浇口与工艺柱相交；并将"复制到所成腔"的复选框打钩，另外一侧的潜浇口将复制呈现，确定完成并保存。

➤ 通过打开型芯体，可以看到浇口设计的效果，如图 3.5-16 所示。

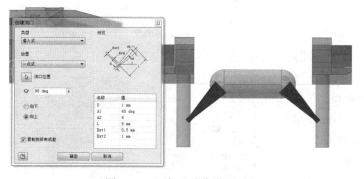

图 3.5-15　浇口对称设置

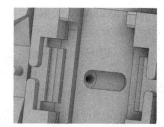

图 3.5-16　浇口设计的效果

3.6　模架型号选用与标准件自定义

3.6.1　模架型号的选用

模架型号选用的操作步骤如下：

➤ 在"模具部件"主菜单中，单击"模架"图标，出现"模架"对话框，在"厂商和类型"下拉列表中，选择"LKM"选项，如图 3.6-1 所示。

➤ 分类项目中，默认为"两板模架"，选择 CI 型，如图 3.6-2 所示。

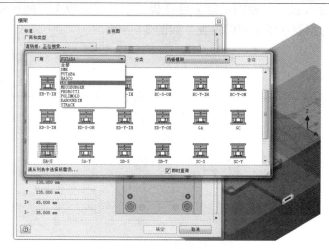

图 3.6-1　标准模架的选择

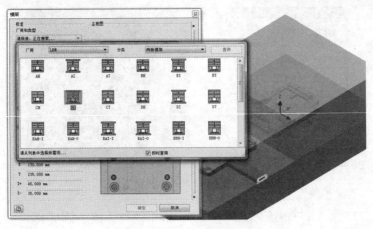

图 3.6-2　两板模 CI 型

> 在对话框的布局信息中，显示了型芯与型腔的外形尺寸，其中 X 与 Y 表示其长度尺寸为 130mm 与宽度尺寸为 235mm，Z+ 表示型腔上表面与分型面的高度尺寸为 45mm，Z– 表示型芯下表面与分型面的高度尺寸为 35mm。根据模架中模板尺寸设计要求，固定板凹槽壁厚为 60~120mm，取模架模板长度理论尺寸 Lx=130mm+60mm×2=250mm，宽度理论尺寸 Ly=235mm+60mm×2=355mm，型腔固定板尺寸厚度 Hq=45mm+60mm=105mm，Hx=35mm+60mm=95mm。在对话框中，根据计算的理论尺寸选择尺寸为 300mm×400mm，如图 3.6-3 所示。

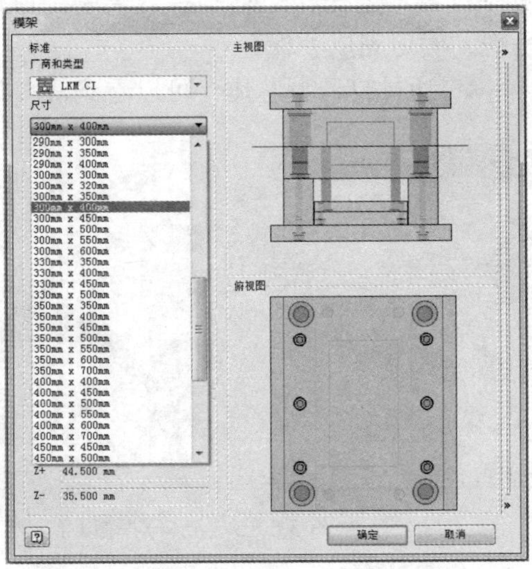

图 3.6-3　模架尺寸选择

> 在对话框中激活"自定义"复选框，然后单击"放置参考"按钮，用鼠标指针选择型芯镶件与型腔镶件接触面的任一轮廓线，作为 A 板（型腔固定板）与 B 板（型芯固定板）之间高度方向的参考位置，也就定义了型芯与型腔在模架中的位置，如图 3.6-4 所示。

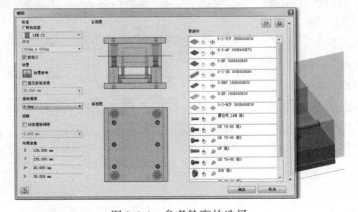

图 3.6-4　参考轮廓的选择

➢ 将型芯在型芯固定板中的位置抬高 0.5mm，激活"型芯安装深度"，输入深度为 35.5mm，激活"动定模板间隙"，输入间隙 1mm，此处的设计是为了避免 A、B 之间直接接触而不利于排气，如图 3.6-5 所示。

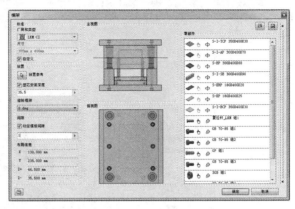

图 3.6-5　设置动定模板间隙

➢ 在对话框中，双击主视图显示的 A 板（S-I-AP）即型腔固定板，出现"S-I-AP"对话框，根据前面的理论计算，选择 H 厚度为 110mm，如图 3.6-6 所示，确定完成。

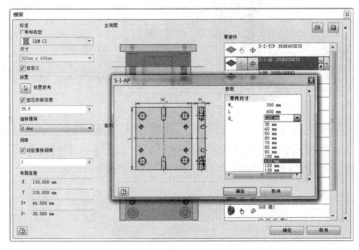

图 3.6-6　A 板厚度设置

➢ 用同样的方法对型芯固定板进行厚度的修改，如图 3.6-7 所示，选择 H 厚度为 100mm，确定完成。

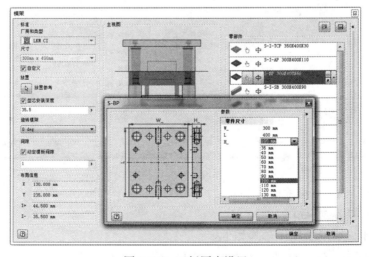

图 3.6-7　B 板厚度设置

95

➢ 双击模脚，出现"S-I-SB"对话框，将模脚的高度改为 100mm，确定完成，如图 3.6-8 所示。

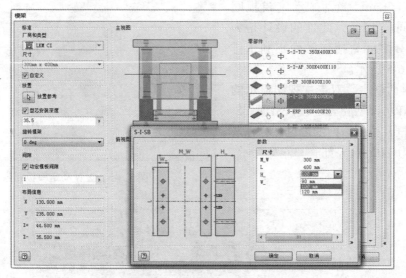

图 3.6-8　模脚高度设置

➢ 通过对相关零件高度尺寸的自定义，在模架的主视图中，A、B 板及模脚的厚度发生变化，如图 3.6-9 所示，主视图显示的导柱与复位杆等标准件比较短。在模架中添加其他标准件后，模架中本身默认的标准件长度尺寸需要重新定义。

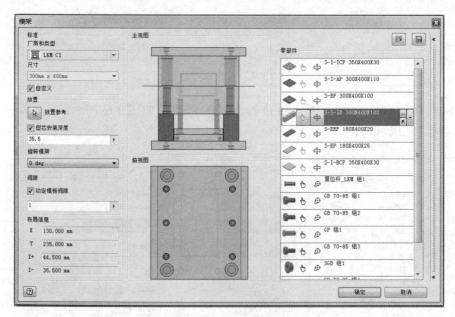

图 3.6-9　标准件长度

3.6.2　标准件的添加与编辑

标准件添加与编辑的操作步骤如下：

➢ 在对话框中，通过移动"零部件"中的滚动条，可以看到"单击以添加零部件…"

选项，如图 3.6-10 所示。

➢ 选择该项后，出现对话框，在分类项目中选择"沉头垫圈"，在显示的列表中，单击"SB"图标，如图 3.6-11 所示。

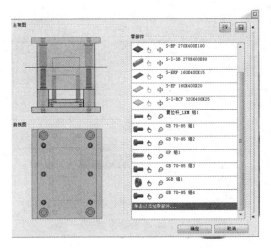

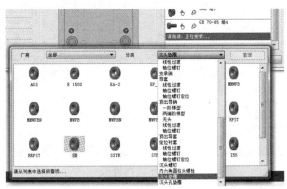

图 3.6-10　添加新零件　　　　　　　　　`图 3.6-11　选择沉头垫圈型号

➢ 在主视图中，可以看到添加了一个沉头垫圈，其位置需要重新定位，单击零部件列表中（SB 组 1）项中的"选择目标体"按钮，如图 3.6-12 所示。

➢ 在主视图中，用鼠标选择动模座板，沉头垫圈 SB 将添加在动模固定板与顶针垫板之间，如图 3.6-13 所示。

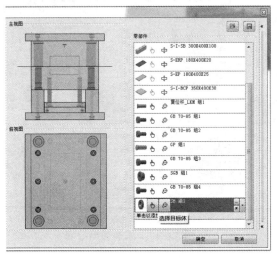

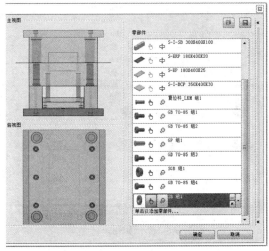

图 3.6-12　沉头垫圈的定位　　　　　　　图 3.6-13　沉头垫圈的添加

➢ 由于沉头垫圈需要多个，本设计共设置四个，在零部件中选择沉头垫圈项的"添加阵列数据"图标，如图 3.6-14 所示。

➢ 在出现的"位置"对话框中，单击"阵列"按钮，分别输入 X 方向为 2，距离为 134mm；输入 Y 方向为 2，距离为 340mm，确定完成。在俯视图中可以看出，四个沉头垫圈的位置与四个复位杆位置相同，如图 3.6-15 所示。

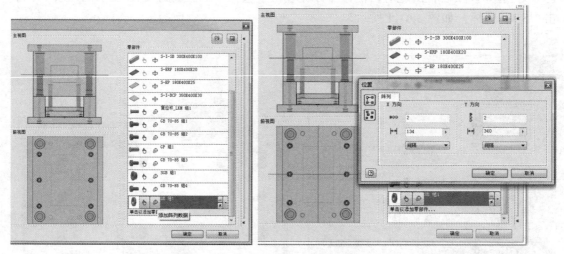

图 3.6-14　添加阵列数据

图 3.6-15　阵列参数设置

➤ 继续添加零部件，在分类项目中选择"顶出导套"，在列表中选择"EBB"型号，如图 3.6-16 所示。

➤ 在出现的顶出导套项目中，单击"选择目标体"按钮，然后用鼠标指针选择主视图中的顶针垫板，使顶出导套位于顶针固定板内，在主视图中可以看到添加了一个导套，如图 3.6-17 所示。

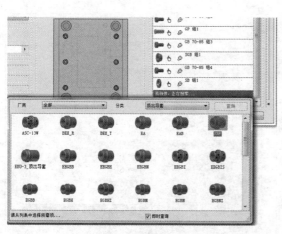

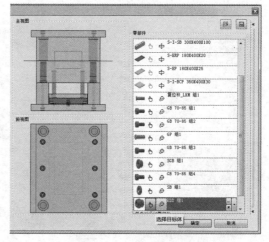

图 3.6-16　顶出导套型号

图 3.6-17　添加顶出导套

➤ 本设计的顶出导套为一对。在零部件中单击添加的顶出导套项的"添加阵列数据"按钮，如图 3.6-18 所示，出现的"位置"对话框，输入 Y 方向为 2，距离为 340mm。在主视图中，可以看到添加的两个顶出导套的位置。

➤ 为了满足本设计，调用的顶出导套尺寸需要重新设置，单击顶出导套的"特性设置"按钮，如图 3.6-19 所示。

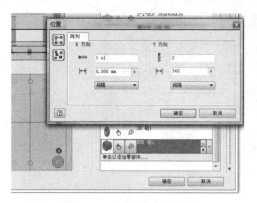
图 3.6-18　顶出导套的阵列

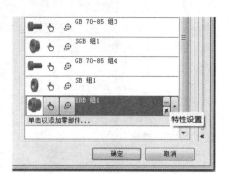
图 3.6-19　特性设置

➢ 在出现的"EBB"对话框中，选择零件尺寸：d 为 16mm，L 为 43mm，如图 3.6-20 所示，并单击对话框中右侧的"≫"。

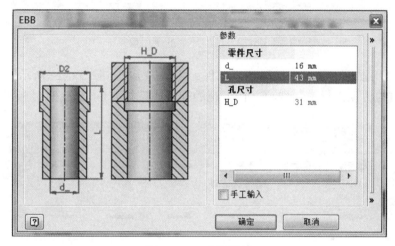
图 3.6-20　参数设置

➢ 将调用的顶出导套方向进行翻转，单击"反向"按钮，如图 3.6-21 所示，使导套的台阶位于顶针垫板内，确定完成。

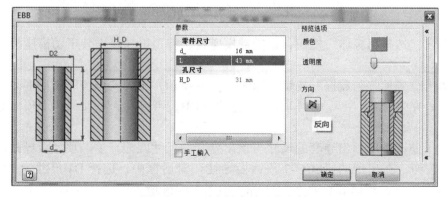
图 3.6-21　顶出导套的反向翻转

➢ 顶出导套的调用效果如图 3.6-22 所示。

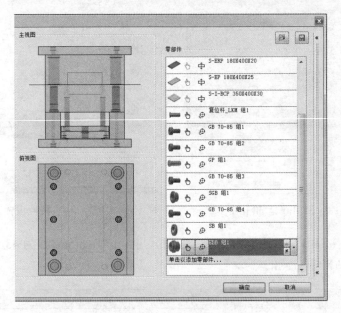

图 3.6-22　顶出导套的调用效果

➢ 接着调用顶出导柱，继续添加零部件，方法同上。如图 3.6-23 所示，在对话框中，选取分类项中的"顶出导销"选项，在出现的列表中选择"ECO-2_顶针板导柱"选项。

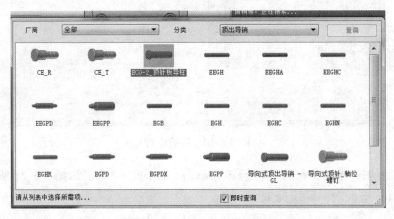

图 3.6-23　顶出板导柱型号

➢ 单击"选择目标体"按钮，选择动模座板，将顶出导套安装于动模座板上，如图 3.6-24 所示。

➢ 单击"添加阵列数据"按钮，如图 3.6-25 所示，出现"位置"对话框。在对话框中，输入 Y 方向为 2，距离为 340mm。在主视图中，可以看到添加的两个顶出导柱的位置，与顶出导套一致。

➢ 为了使调用的顶出导套的尺寸与顶出导套的尺寸匹配，单击顶针板导柱项的"特性设置"按钮，在出现的"ECO-2 顶针板导柱"对话框中，选择 D1 尺寸为 16mm，将"手工输入"激活，选择 L 长度为 160mm，如图 3.6-26 所示。

➢ 顶针板导柱调用的效果如图 3.6-27 所示。

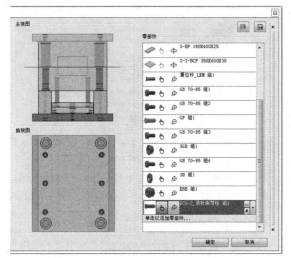

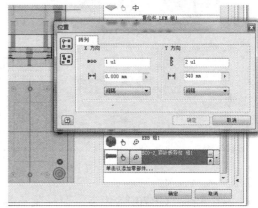

图 3.6-24　添加顶出板导柱　　　　　　　　　　图 3.6-25　阵列参数设置

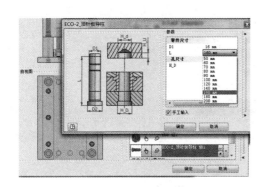

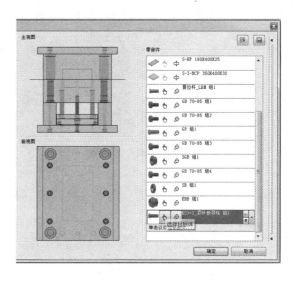

图 3.6-26　顶针板导柱长度设置　　　　　　　　图 3.6-27　顶针板导柱调用的效果

> 由于前面对各个模板的厚度自定义了尺寸，模架内相关的导柱和复位杆长度需要重新定义，包括吊紧螺钉需要重新指定相连接或相配合的目标体。先单击复位杆，再单击"选择目标体"按钮，然后选择型芯固定板，可以看到，复位杆将自动变长与型腔固定板接触，如图 3.6-28 所示。

> 选择零部件中的"GP 组 1"即模架内型芯固定板中的导柱，单击"选择目标体"按钮，选取型腔固定板，可以看到，导柱将自动变长，与导套相配合，如图 3.6-29 所示。

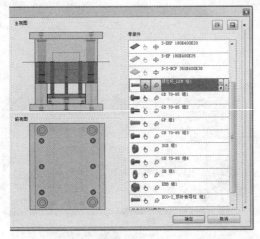

图 3.6-28　定义复位杆长度

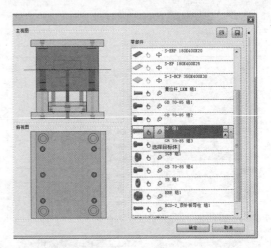

图 3.6-29　定义导柱长度

➢ 选择"GB70-85 组 4"即吊紧长螺钉，单击"选择目标体"按钮，依次选择模脚和型芯固定板，该六个吊紧螺钉将自动伸长连接，如图 3.6-30 所示。

➢ 确定完成，系统将计算一段时间，调入模架，如图 3.6-31 所示。根据三维模型，检查各个调用的标准件位置和尺寸是否正确，包括 A、B 之间的间隙，型芯的安装深度等。

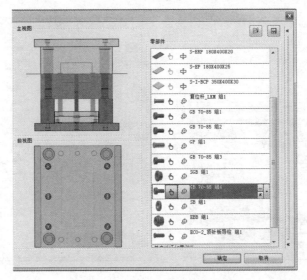

图 3.6-30　定义吊紧螺钉长度

➢ 通过观察发现，顶出导柱自动生成的通孔与型芯固定板的吊环孔存在干涉，如图 3.6-32 所示，需要将通孔修改成盲孔。通过测量可知，导柱的头部与型芯固定板底面的距离为 35.000mm，如图 3.6-33 所示，然后将导柱通孔修改成深度为 35mm+5mm=40mm 的盲孔。

图 3.6-31　标准模架调用的效果

图 3.6-32　通孔干涉

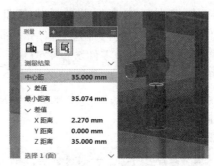

图 3.6-33　测量距离

➢ 通过选用"选择零件优先",选择型芯固定板后,在右击出现的快捷菜单中,选择"打开"命令,如图 3.6-34 所示。窗口将单独显示型芯固定板,通过选用"通过特征",选择过孔,单击出现的"编辑孔"命令,如图 3.6-35 所示。

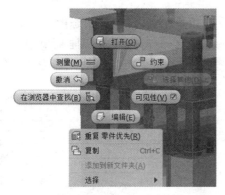

图 3.6-34　单独打开 B 板

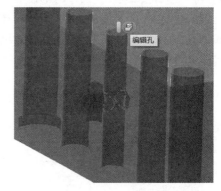

图 3.6-35　编辑孔

➢ 在出现的"孔"对话框中,将终止方式选为"距离",孔的深度输入 40mm,如图 3.6-36 所示。

➢ 另外一个通孔因为与修改过的孔存在阵列关系,随着距离的重新定义,阵列关系的孔也相应改变,如图 3.6-37 所示。修改完成后保存,可关闭该窗口。

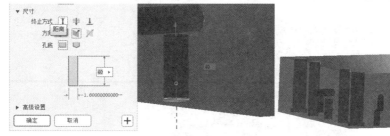

图 3.6-36　修改孔的终止方式　　　　　　　图 3.6-37　通孔变更为盲孔

在显示的"模具设计"窗口中,可以看到"本地更新"的图标加亮,如图 3.6-38 所示。该图标被激活,说明前面虽然对型芯固定板相关特征的数据进行了修改,但"模具设计"窗口中的特征数据没有实时更新,需要单击该图标,更新模具设计窗口中的关联零件的特征数据，使该图标成为不可激活状态即灰色图标。后续对单个零件进行打开编辑后，都应及时更新并保存，防止多个零件数据修改后，一起更新，有可能出现更新失败等不可测因素。应养成编辑一个零件，更新一个零件并保存的好习惯。后面相同操作不再重述。

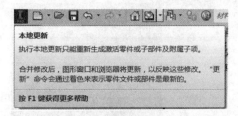

图 3.6-38　本地更新

3.7　镶件排气槽设计与模板的开框

3.7.1　排气槽设计

排气槽设计的操作步骤如下：

➢ 在"模具设计"导航器中，选择"合并的型腔1"，在右击出现的快捷菜单中，选择"打开"命令，如图3.7-1所示。

➢ 在打开的"型腔镶件"窗口中，由于打开的镶件继承了透明状态的显示，为了便于实体的编辑，可以将其显示的特性改为其他颜色。在右击出现的快捷菜单中，选择"实体特性"命令，出现如图3.7-2所示的"实体特性"对话框，将实体外观选为"白色"。

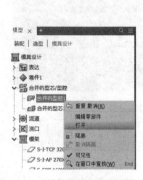

图 3.7-1　单独打开"合并的型腔1"

图 3.7-2　更改型腔镶件特性

➢ 在镶件的分型面上用矩形和槽命令，绘制如图3.7-3所示的排气草图。

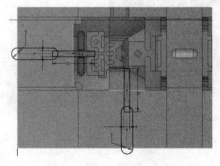

图 3.7-3　排气草图

➢ 完成草图后，用拉伸方法对图3.7-4所示的两个矩形框进行拉伸，求差，距离为0.03mm。

➤ 完成拉伸后，草图将自动隐藏，选择导航器中上一步的拉伸"草图"，在右击出现的快捷菜单中，选择"可见性"命令，上一步的拉伸草图将显示，如图 3.7-5 所示。

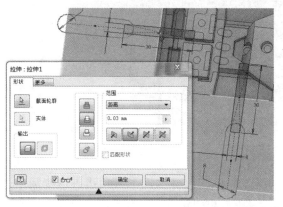

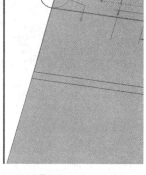

图 3.7-4　拉伸求差 1　　　　　　　　　　　图 3.7-5　显示草图

➤ 继续使用拉伸方法，对图 3.7-6 所示的腰形轮廓进行拉伸，求差，拉伸距离为 0.1mm。

➤ 由于前面对第一次拉伸的草图进行了显示，并对显示的草图二次拉伸，系统将草图作为独立的一项显示于导航器中，因此需要将独立的显示项"草图 5"进行隐藏，即选择后单击右键，选择出现的"可见性"命令，草图将不显现，如图 3.7-7 所示。后续类似相同操作不再详述。

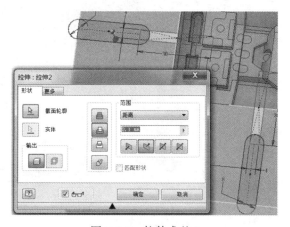

图 3.7-6　拉伸求差 2

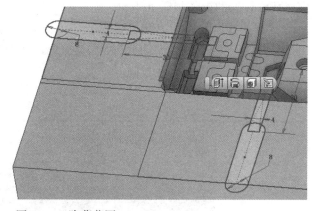

图 3.7-7　隐藏草图

➤ 单击"环形阵列"图标，出现"环形阵列"对话框。将上面的两个拉伸特征进行阵列，旋转轴为导航器中原始坐标系的"Z"轴，如图 3.7-8 所示，完成排气槽的设计，保存。

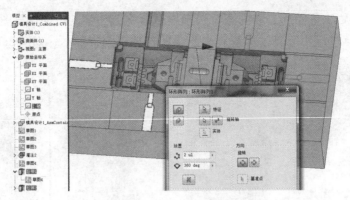

图 3.7-8　环形阵列

➢ 单击"圆角"图标，出现"圆角"对话框。对型腔镶件的四个直角边进行倒圆角，如图 3.7-9 所示，半径为 10mm，完成倒圆角后，保存并关闭。

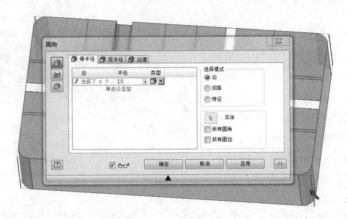

图 3.7-9　倒圆角

3.7.2　模板的开框设计

模板开框设计的操作步骤如下：

➢ 在"模具设计"窗口，更新并保存。下面对 A 板进行开框，将鼠标指针放在 A 板上，在右击出现的快捷菜单，选择"打开"命令，如图 3.7-10 所示。

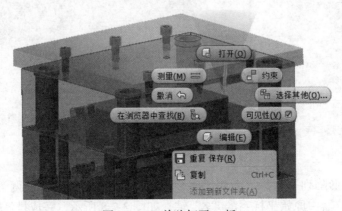

图 3.7-10　单独打开 A 板

➢ 打开 A 板窗口后，在如图 3.7-11 所示的平面上绘制个 235mm×130mm 的一矩形，即型腔镶件，并对草图的四个直角处倒 8mm 的圆角。

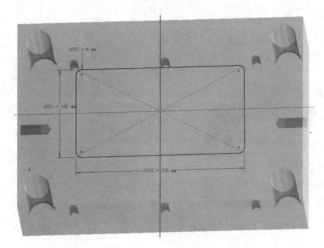

图 3.7-11　绘制草图

➢ 单击"拉伸"图标，出现"拉伸"对话框。对草图拉伸，求差，距离为型腔镶件的安装深度，输入 44.5mm，如图 3.7-12 所示。

图 3.7-12　拉伸求差

➢ 完成拉伸求差后，保存并关闭窗口，回到"模具设计"窗口，更新并保存。在"模具设计窗口"中，为了观察型腔镶件与 A 板的匹配效果，需要将两个零件同时显示。由于型腔镶件在 A 板中，鼠标指针是不能直接选择到的，需要间接选取。先使模具处于如图 3.7-13 所示的位置，让鼠标指针位于型腔镶件上（假想 A 板不存在），在右击出现的快捷菜单中，选择"选择其他"命令。

图 3.7-13　选择型腔镶件

➢ 此时会出现菜单选择项"模具设计 1_CombinedCV1:1",单击该项列表,选择的对象将变为型腔镶件,如图 3.7-14 所示。要注意的是,鼠标指针所在的位置不同,出现的对象数目是不一样的。

➢ 接着按住〈Ctrl〉键,用鼠标选择 A 板,在右击出现的快捷菜单中,选择"隔离"命令,如图 3.7-15 所示。

图 3.7-14　通过列表选择

图 3.7-15　隔离显示

➢ 这时的窗口将只显示型腔镶件与 A 板,如图 3.7-16 所示,可以观察型腔镶件与 A 板开框设计的效果,查看开框的尺寸与镶件尺寸是否一致,包括开框的圆角是否有间隙。

➢ 前面为了便于实体的编辑,将型腔镶件的显示特性改为了白色。恢复原来透明的状态的方法是:先选择型腔镶件,然后在右击出现的快捷菜单中,选择"透明"命令即可,如图 3.7-17 所示。

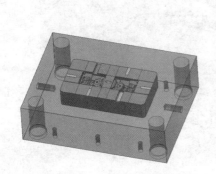

图 3.7-16　A 板开框效果

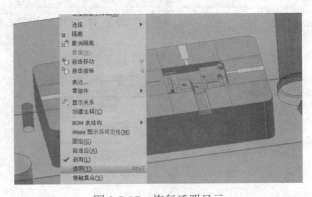

图 3.7-17　恢复透明显示

➢ 为了再次全部显示,鼠标指针在任意位置右击,在出现的快捷菜单中选择"撤销隔离"命令,如图 3.7-18 所示,原先非隔离的其他零件将全部显示。后续对于模具设计过程中,如何对零件的显示和隐藏,隔离与撤销隔离的相关操作不再详述,读者可根据需要进行操作。

➢ 对型芯镶件进行编辑,在导航器中通过"合并的型芯1"单独打开后,对其倒半径为

图 3.7-18　撤销隔离

10mm 的圆角，如图 3.7-19 所示。完成后，保存并关闭窗口，进入"模具设计"窗口，更新并保存。后续关于零件的"更新"与"保存"的操作不再详述，在模具设计过程中要一以贯之。

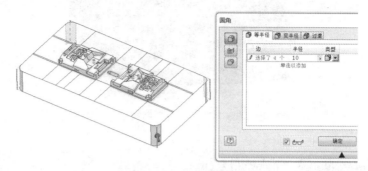

图 3.7-19　倒圆角

➢ 对 B 板进行开框，通过打开 B 板后，选择如图 3.7-20 所示的平面绘制矩形草图，其尺寸与型腔镶件的长宽相同，并倒半径为 8mm 的圆角。

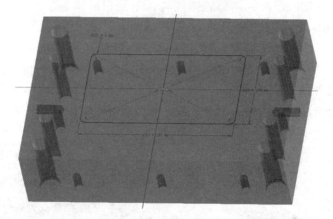

图 3.7-20　绘制草图

➢ 单击"拉伸"图标，出现"拉伸"对话框。对草图拉伸，求差，输入距离为 34.5mm，即型芯镶件的安装深度，如图 3.7-21 所示，完成 B 板的开框设计。

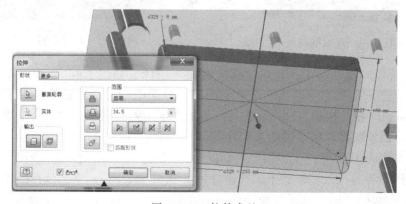

图 3.7-21　拉伸求差

➢ 在"模具设计"窗口，通过"隔离"命令观察型芯镶件与 B 板的开框效果，如图 3.7-22 所示。

图 3.7-22　B 板开框效果

3.8　镶件紧固螺钉的调用

镶件紧固螺钉调用的操作步骤如下：

➤ 镶件安装在固定板内，需要用螺钉联接紧固。先对型腔镶件连接 A 板之间的螺钉进行调用，为了方便加载螺钉，将型腔镶件与 A 板通过隔离显示，如图 3.8-1 所示。

➤ 用鼠标双击 A 板，使其处于单个零件激活状态，可以看到界面将转变为零件造型模式。在图 3.8-2 所示的 A 板上表面，绘制一个 215mm×110mm 的矩形，并用草图中"点"命令，在矩形线上添加六个草绘点，这些点作为调用螺钉的位置参考点。四个点为矩形的直角点，另外两个点分别在矩形长度方向的中点处，完成草图绘制。由于此时还在造型模式，单击"返回"图标，回到"模具设计"窗口。

图 3.8-1　A 板隔离显示

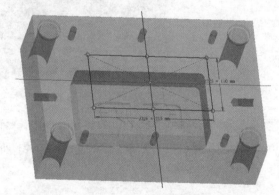

图 3.8-2　绘制草图

➤ 在主菜单"设计"中，单击"螺栓联接"图标，如图 3.8-3 所示。单击"螺栓联接"图标后，会出现"螺栓联接零部件生成器"对话框中，该对话框包含了螺钉的相关内容，即 Inventor 软件把螺钉这个标准件库集成到了"螺栓联接"这个命令里，调用螺钉是通过单击"螺栓联接"这个图标来实现的。

➤ 在"螺栓联接零部件生成器"对话框中，"类型"选择"盲孔"联接类型，"放置"项目里，选择"参考点"，"起始平面"选择为 A 板的上表面，"点"选择刚才草绘的任意一个点，"盲孔起始平面"选择型腔镶件的上表面，只要将鼠标指针移动到其上方，该面将加亮为预选状态，单击即可，如图 3.8-4 所示，同时可以看到其他五个点自动被作为调用螺钉位置的参考点。

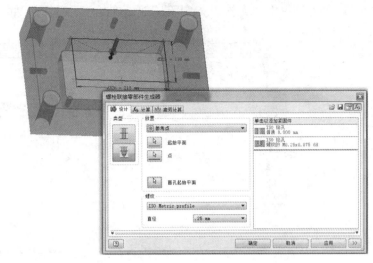

图 3.8-3　螺栓联接命令　　　　　　　　图 3.8-4　螺栓生成器设置与参考点选择

➢ 接着在对话框中，选择螺纹项目里的"ISO Metric profile"，在直径项目里，选择 8mm 的尺寸即 M8 的螺钉，单击"单击以添加紧固件"选项，等待一段时间后，出现螺钉列表对话框。如图 3.8-5 所示，在对话框中，选择标准项目中"ISO"，选择类别项目中的"内六角圆柱螺栓"，在列表中，选用"ISO4762"的标准型号。

图 3.8-5　螺栓型号

➢ 通过旋转模型或视角摆正观察发现，预调入的螺钉头部未沉入镶件内，如图3.8-6所示。

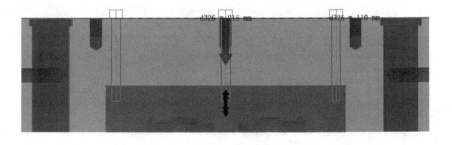

图 3.8-6　预调入的螺钉

➢ 在对话框中，单击"ISO 钻孔 普通 9.000mm"项目右侧的三角形按钮，如图 3.8-7 所示。

图 3.8-7　展开 ISO 钻孔选项

➢ 将出现各种螺钉头部联接形式的对话框，默认标准为"ISO"，在列表中，选择 "ISO- 凹头螺钉 ISO4762"形式，如图 3.8-8 所示。

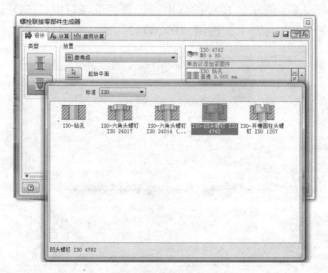

图 3.8-8　沉头孔形式

➢ 选择沉头形式后，通过视角观察发现，螺钉的头部将与自动形成沉头孔匹配，如 图 3.8-9 所示。

图 3.8-9　螺钉装入沉头孔

➢ 继续在生成器对话框中，单击"更多项"按钮，展开显示模板库，单击"添加"按钮，出现"模板描述"对话框，显示了当前调用的螺钉信息，单击"确定"按钮，如图 3.8-10 所示。

图 3.8-10　加入模板库

➢ 当前调用的螺钉将作为标准存在模板库中，方便下次选用相同型号时直接调用。单击"确定"按钮，出现"文件命名"对话框，表示当前调用 M8 螺钉文件将保存在如图 3.8-11 所示的文件名中，下次调用螺钉时，不需要提示该项，可以将对话框中的"始终提示输入文件名"复选框钩号去除。

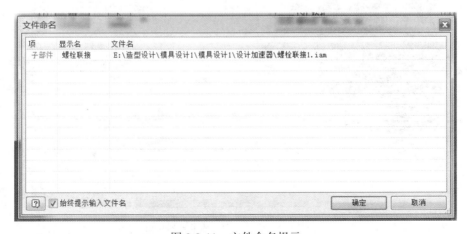

图 3.8-11　文件命名提示

➢ 确定之后，可以观察调用的效果，如图 3.8-12 所示，关闭生成器窗口。

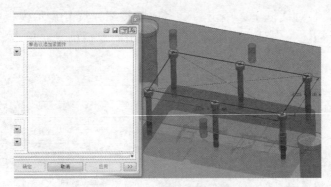

图 3.8-12   A 板调用螺钉的效果

➢ 下面对型芯镶件与 B 板之间的联接螺钉进行调用，先撤销隔离，将 A 板、型芯镶件与 B 板隔离显示，如图 3.8-13 所示。

➢ 单击"螺栓联接"图标，出现"螺栓联接零部件生成器"对话框，先选择 B 板的底平面，然后选择 A 板上草图中的任意一点，再选择型芯镶件的底平面，如图 3.8-14 所示。由于前面在模板库中添加了 M8 的数据，所以在此步骤中，只需在对话框中单击"设置"按钮，M8 的螺钉安装形式与前面相同。

图 3.8-13   隔离显示

图 3.8-14   调用模板库螺钉

➢ 通过视角摆正后，如图 3.8-15 所示，可以看到调用的螺钉头部已经沉入 B 板内与形成的沉头孔配合。后续对于调用模板库中的相同操作，不再详述。

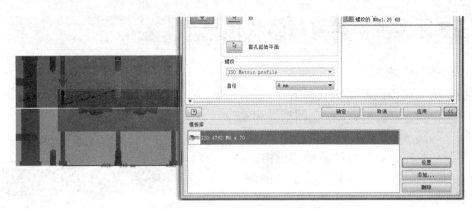

图 3.8-15　螺钉头部装入沉头孔

➢ 单击对话框中的"确定"按钮，最终 B 板调用螺钉的效果，如图 3.8-16 所示。

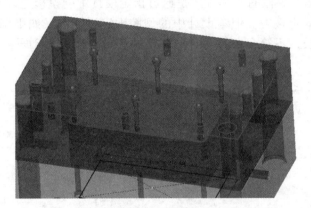

图 3.8-16　B 板调用螺钉的效果

➢ 撤销隔离，保存文件，在"保存"对话框中可以看到，调用的螺钉为初次保存，单击"确定"按钮，如图 3.8-17 所示。

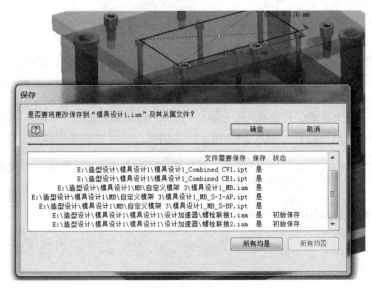

图 3.8-17　螺钉的初次保存

3.9 侧抽芯机构调用与结构设计

3.9.1 侧抽芯机构调用

侧抽芯机构调用的操作步骤如下：

➤ 在塑件的外表侧面，存在凹槽并带有三个通孔，如图 3.9-1 所示。为了成型此部位的结构并顺利脱模，需要设计侧抽芯机构。

➤ 在模具部件主菜单下，单击"滑块"图标，出现滑块对话框，如图 3.9-2 所示。在对话框中，默认的类型是"GENERIC"的常规单锁定 1。从预览的滑块结构图可知，该结

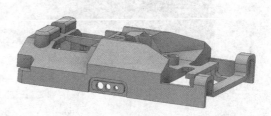

图 3.9-1　侧孔结构

构是比较常用的结构，导柱的安装方式是通过指定模具中的模板上表平面进行安装固定，一般是安装在型腔固定板中。但本设计中的型腔固定板较厚，如果调用该结构，会发现滑块中的斜导柱较长，不符合模具设计的标准，另外对于较长斜导柱的安装孔，是不利于加工的。

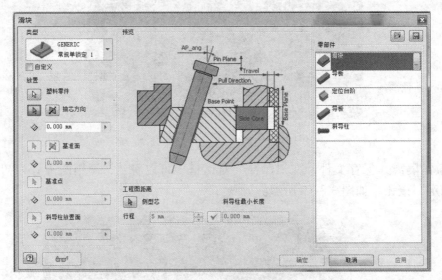

图 3.9-2　调用侧抽芯机构

➤ 本设计将调用其他型号。在对话框中，重新单击类型下的"三角形"按钮，将出现多个厂商的名称，选择"PUNCH"，如图 3.9-3 所示，将出现三个滑块的类型列表，选择"部件 3"。

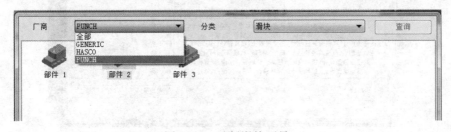

图 3.9-3　选择滑块型号

➢ 在对话框中，可以看到 PUNCH "部件 3" 与 "GENERIC 常规单锁定 1" 的结构类似，但 "部件 3" 导柱的安装方式是通过镶件的形式进行安装的，如图 3.9-4 所示。

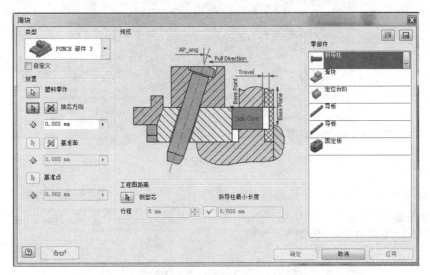

图 3.9-4　"PUNCH" 的结构

➢ 从模架的外观看，此时整个模架以透明状态显现，但塑件模型、分型面与前面拆分的抽芯镶件以加亮的状态显示，即激活状态，如图 3.9-5 所示。虽然是一模两腔，但只显示父项级别的型腔部分，另外一个腔体还是以透明状态显示，为子项级别。父项与子项存在关联关系，当父项部分的抽芯镶件调用抽芯机构，子项也关联自动调用。

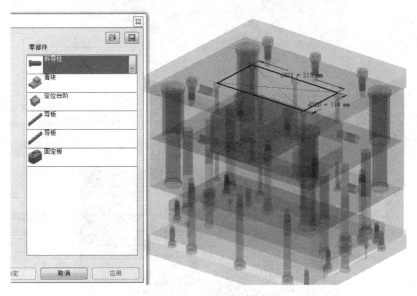

图 3.9-5　父项级激活

➢ 用鼠标指针选择参考平面作为抽芯的方向，如图 3.9-6 所示选择了 A 板的侧面，出现了侧抽芯机构和抽芯方向，抽芯方向为所选平面的法向，抽芯机构位于抽芯镶件的同一侧。

图 3.9-6　A 板侧面

➢ 接着选择型芯镶件与型腔镶件相接触的平面即分型面，此时的分型面不是整体独立的面，而是被划分成若干个小平面。用鼠标指针选择任一小平面，该平面将作为抽芯机构在高度方向上的定位，如图 3.9-7 所示。

图 3.9-7　分型面定位高度

➢ 抽芯机构除了在高度方向上的定位，还需要在左右方向上进行定位。为了使抽芯机构的侧抽力通过镶件左右方向上的对称中心，用鼠标指针捕捉抽芯镶件上轮廓线的中心点，如图 3.9-8 所示，抽芯机构将移动到轮廓线的中点处。

图 3.9-8　轮廓中心定位

➢ 将模型方位摆正为如图 3.9-9 所示的视角后，在抽芯方向的文本输入框中输入 –85，可以看到抽芯机构的头部与镶件贴合，该距离为（300mm–130mm）/2=85mm，300mm 是模板的长度尺寸，130mm 为镶件的宽度尺寸。由于移动方向与侧抽方向不同，因此需要加负号。

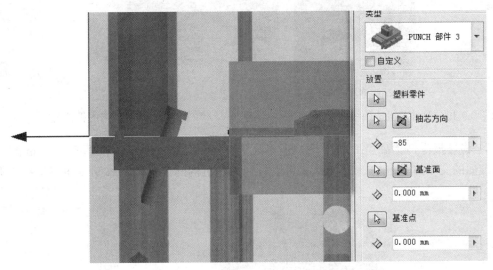

图 3.9-9　摆正抽芯机构视角与位置确定

➢ 根据前面零件的三维造型可知，塑件侧壁的厚度为 1.5mm，根据侧抽芯抽拔设计标准，抽拔距离一般为 1.5mm+（2~3）mm=3.5~4.5mm，默认的抽芯行程为 5mm，满足侧抽芯的要求，如图 3.9-10 所示。

➢ 接着单击"斜导柱最小长度"下的"钩号"按钮，如图 3.9-11 所示，通过系统自动计算，抽芯行程为 5mm 时，斜导柱最小长度为 51.461mm。

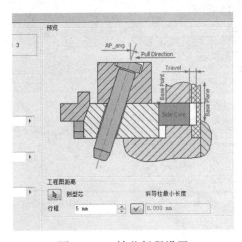

图 3.9-10　抽芯行程设置

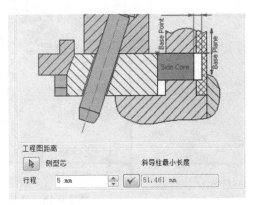

图 3.9-11　斜导柱长宽确定

➢ 同时可以观察到侧抽芯机构的形状发生了变化，如图 3.9-12 所示，预览出了调用的结构形式。

➢ 将模型方位摆正为如图 3.9-13 所示的视角，可以看到抽芯机构在高度方向上过低，其导板零件位于 B 板内，需要调整。

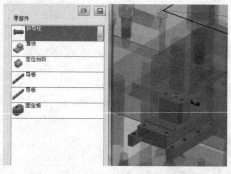 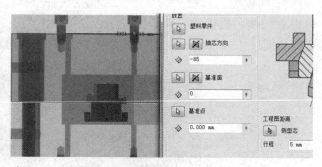

图 3.9-12　侧抽芯机构的结构显示　　　　　图 3.9-13　高度方向的视角观察

➤ 将导板零件抬高至 B 板平面，但不高于 B 板的上表平面，一般留 0.5~1mm 的间隙。在基准面的文本输入框中，输入 14，可以看到抽芯机构的位置向上移动，如图 3.9-14 所示。

图 3.9-14　高度位置的调整

➤ 为了使调用的滑块机构适合本设计，滑块机构中相关零件的尺寸需要做一定修改。将对话框中的"自定义"复选框激活，如图 3.9-15 所示。

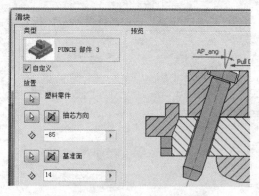

图 3.9-15　激活自定义复选框

➤ 在"滑块"对话框中，单击零部件列表下方"斜导柱"右侧的"选择特性"按钮，出现"斜导柱"对话框，其类型为 8-60-N2。从预览的图 3.9-16 中可以知道，该斜导柱的直径为 8mm，长度为 60mm，大于前面计算的最小斜导柱长度。本设计采用该型号，单击"确定"按钮。需要注意的是，在实际生产中，对于导柱直径的选用，需要根据模具注塑的产量，进一步校核其强度是否满足生产要求，本设计对此不详述，读者可根据塑料模具设计手册进行公式计算。

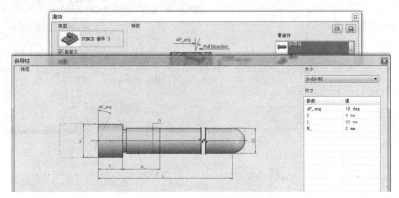

图 3.9-16　斜导柱参数

➢ 单击"滑块"右侧的"选择特性"按钮，出现"滑块"对话框，如图 3.9-17 所示。根据模架模板的尺寸，滑块相关的结构尺寸需要进行修改，将 A 宽度改为 40mm，E 的距离改为 30mm，F 的距离改为 50mm，L 的长度改为 60mm，W 宽度改为 46mm，其余不变。

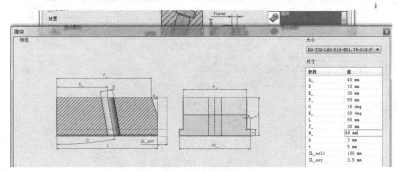

图 3.9-17　滑块参数

➢ 单击"定位台阶"右侧的"选择特性"按钮，出现"定位台阶"对话框，如图 3.9-18 所示。该定位台阶也称为"楔紧块"，为了匹配滑块的宽度 A，选择型号为"20-15-A38-G20"。其中 A38 为定位台阶的宽度，比滑块的宽度略小；楔紧块的楔角要大于斜导柱的倾斜角，型号中的 G20 为斜角，角度为 20°，比斜导柱的斜角大 2°，满足要求，确定完成。

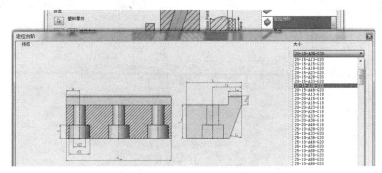

图 3.9-18　定位台阶参数

➢ 单击"导板"右侧的"选择特性"按钮，出现"导板"对话框，如图 3.9-19 所示。导板是安装在滑块右侧的导板，选择型号为"10-15-60_R"。其中 R 为右边，60 为长度，与滑块长度匹配。

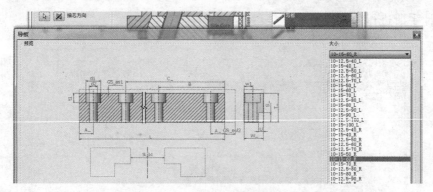

图 3.9-19　右边导板型号确定

➢ 从预览的图 3.9-20 中可以看到，两个导板之间的距离 SL_b1 与滑块的宽度匹配，在尺寸下方的文本输入框中将尺寸改为 41，比滑块的宽度大 1mm，确定完成。

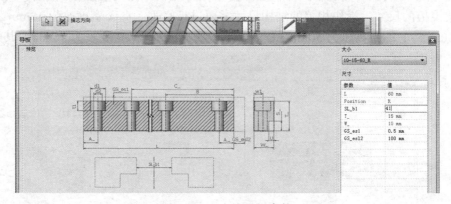

图 3.9-20　右边导板参数

➢ 单击第二个"导板"右侧的"选择特性"按钮，出现相同的"导板"对话框，如图 3.9-21 所示。选择型号"10-15-60_L"，L 为左边，60 为长宽，与滑块长度匹配，将 SL_b1 改为 41，确定完成。

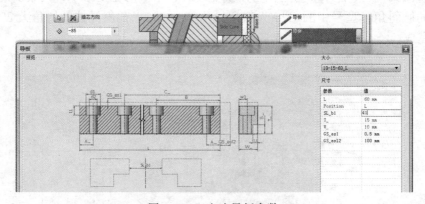

图 3.9-21　左边导板参数

➢ 单击"固定板"右侧的"选择特性"按钮，出现"固定板"对话框，如图 3.9-22 所示。该固定板是用来固定斜导柱的，默认的型号为"10-30-A18"。其中 10 为导柱安装孔的直径；A 为安装孔的倾斜角，角度为 18°，与前面滑块孔倾斜角度相同，采用默认型号，确定完成。

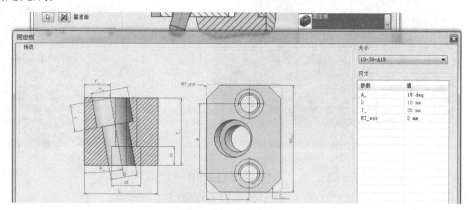

图 3.9-22　固定板型号

➤ 回到图 3.9-23 所示的对话框中，确定完成。

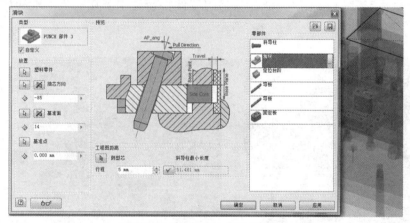

图 3.9-23　完成抽芯机构设置

➤ 在抽芯机构调入过程中，有"滑块"显示对话框，如图 3.9-24 所示，单击"确定"按钮，确认修剪放置参考几何体。

图 3.9-24　确认修改并放置

➤ 观察抽芯机构调用的效果，如图 3.9-25 所示。为了方便观察，可将上模座板和 A 板进行隐藏，此处不再详述。主要查看抽芯机构中的零件是否匹配，在此过程中如果发现导柱的强度不满足实际生产需要，可进行修改。方法是将导航器中已存在的滑块部件删除，如图 3.9-26 所示，重新调用，修改参数。

图 3.9-25　调入抽芯机构的效果　　　　　　　　图 3.9-26　删除方法

➤ 从调用的抽芯机构可以看出，需要用螺钉对相应零件进行联接。由于抽芯机构的相应零件被模具中其他零件遮挡，不利于加载螺钉，需要将部分零件进行隐藏。在"选择零件优先"模式下，将模型调整至如图 3.9-27 所示的视角，用鼠标指针从模架的右下角位置按住鼠标左键不放，拖动至模具中间部位的左上角位置，可以看到形成的矩形面框。

➤ 松开鼠标左键后，与矩形框有交集的零件将被选中。在右击出现的快捷菜单中，选择"隔离"命令，如图 3.9-28 所示。

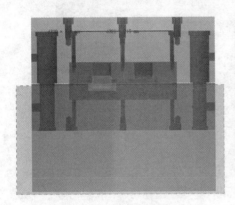

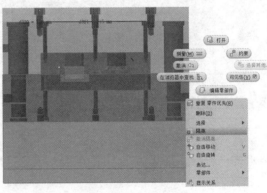

图 3.9-27　零件的框选　　　　　　　　　　　图 3.9-28　快捷菜单

➤ 模具将显示被选中的部分，便于对抽芯机构中的零件进行调用螺钉，如图 3.9-29 所示。

➤ 通过"测量"对话框查询导板中螺钉过孔的直径，为 4.500mm，因此需要调用 M4 的螺钉，如图 3.9-30 所示。

图 3.9-29　隔离显示　　　　　　　　　　　图 3.9-30　测量孔径

➤ 在主菜单"设计"中单击"螺栓联接"图标，出现"螺栓联接零部件生成器"对话框，如图 3.9-31 所示。联接类型选为"盲孔"联接，选择放置类型为"同心"，"起始平面"用鼠标指针选择沉头孔的底面，"圆形参考"选择为沉头孔的圆形轮廓线，"盲孔起始平面"选择导板底面相接触的 B 板平面，即导板的安装平面。接着选择螺纹的型号为"ISO Metric profile"，选择直径为 4mm，即 M4 的螺钉，选择"单击以添加紧固件"，选择"ISO 4762"的类型，长度默认，可以看到导板内沉头孔出现的螺钉。后面对于调用螺钉的具体过程，不在重述，只介绍放置的类型与调用螺钉型号。

图 3.9-31　选用螺钉型号

➤ 由于本设计中有四个导板需要调用螺钉，所以继续单击对话框中的"圆形参考"图标，使其激活，然后用鼠标指针选择导板中剩下的沉头孔圆形轮廓线，如图 3.9-32 所示。

图 3.9-32　螺钉的定位

➤ 在"确定"之前，可以把当前调用的螺钉，添加到模板库中，具体方法参考 3.8 节，便于后续其他零件调用相同的螺钉。单击"确定"按钮，完成的效果，如图 3.9-33 所示。

3.9.2　抽芯机构的相关结构设计

抽芯机构相关结构设计的操作步骤如下：

➤ 前面设置的抽芯行程为 5mm，为了防止滑块移动时超程，需要在滑块移动的方向上设计限位块。如图 3.9-34 所示，单击主菜单"装配"中的"创建"图标。

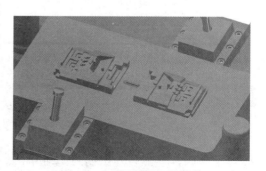

图 3.9-33　调用螺钉的效果

➢ 在"创建在位零部件"对话框中，将新零部件名称改为"限位块"，单击"浏览模板"按钮，如图 3.9-35 所示。

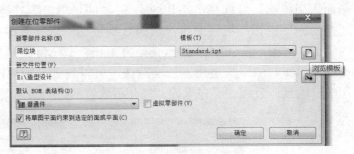

图 3.9-34　设计限位块　　　　　　　　　　　图 3.9-35　命名限位块

➢ 在"打开模板"对话框中，选择"Metric"标签，在该项目中，选择"Standard(mm).ipt"模板，如图 3.9-36 所示，确定完成。

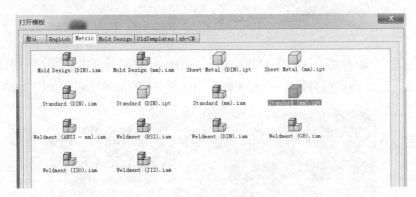

图 3.9-36　选择模板

➢ 回到"创建在位零部件"对话框中，可以看到默认的英制模板替换成了米制模板，如图 3.9-37 所示，确定完成。

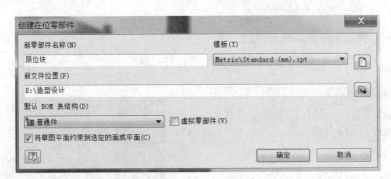

图 3.9-37　调入模板

➢ 选择与滑块底面接触的平面，作为限位块参考面，如图 3.9-38 所示。然后进入三维模型界面，单击"开始创建二维草图"图标，界面将出现三个相互垂直的平面，其中的 XY 平面与选择的参考平面共面，选择 XY 平面或参考面作为草绘平面进行草绘，如图 3.9-39 所示。

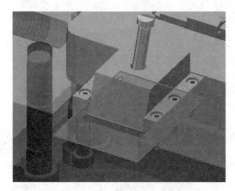

图 3.9-38　选择参考面

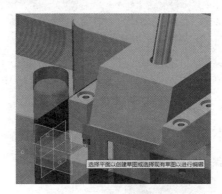

图 3.9-39　选择草绘平面

➤ 绘制一个矩形框，矩形框尺寸为 22mm×10mm，距离滑块的轮廓为 5mm，并位于滑块的对称中心线上，如图 3.9-40 所示。

图 3.9-40　绘制草图

➤ 用"拉伸"命令对草图拉伸。在对话框中，输入距离为 10mm，方向为"对称"，使拉伸体在高度方向上有一半高度在 B 板里固定，如图 3.9-41 所示。

图 3.9-41　拉伸特征

➤ 完成拉伸后对其进行倒半径为 3mm 的圆角，如图 3.9-42 所示。

图 3.9-42　倒圆角

➢ 对上下面轮廓进行倒角，倒角边长为 1mm，如图 3.9-43 所示，然后单击"返回"图标，回到模具设计界面。

➢ 创建的限位块在模具设计空间处于非约束状态，需要将其约束，防止后续在模具设计过程中跑位，报错。方法是选中限位块后，在右击出现的快捷菜单中，选择"固定"命令，如图 3.9-44 所示。

图 3.9-43　倒角

图 3.9-44　固定限位块

➢ 在"选择零件优先"模式下，双击 B 板，使其单独被激活，进入造型界面，选择与前面相同的平面作为草绘平面，绘制与定位块相同尺寸的矩形，对四个直角倒半径为 2mm 的圆角，其余定位尺寸与定位块相同，如图 3.9-45 所示。

➢ 完成草图后，用"拉伸"命令进行求差。在对话框中输入深度为 5mm，如图 3.9-46 所示，完成对定位块安装槽的设计。

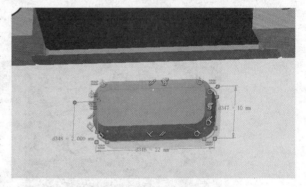

图 3.9-45　绘制草图

➢ 由于是一模两腔，需要设计另外一侧的安装槽。选择导航中的"拉伸"特征，作为阵列的对象，如图 3.9-47 所示。

➢ 接着通过导航器滚动条，找到并选择 B 板中"原始坐标系"下的"Z 轴"作为旋转轴，如图 3.9-48 所示，将阵列的特征数量改为 2，完成另一侧的安装槽设计。

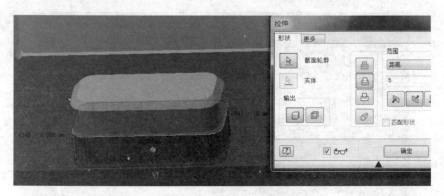

图 3.9-46　拉伸求差

图 3.9-47　拉伸特征环形阵列

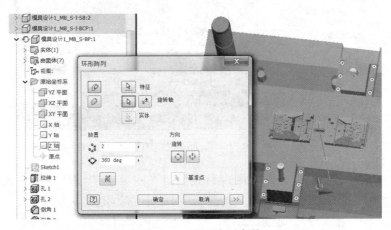

图 3.9-48　设置阵列参数

> 然后单击"返回"图标，回到模具设计界面，对"定位块"进行阵列操作。单击主菜单"装配"下的"阵列"，出现"阵列零部件"对话框。用指针点选定位块零件后，选择对话框中的"环形"选项，在该选项中单击"轴向"按钮，再选择导航器中的"装配"选项，找到"模具设计 1"下的"原始坐标系"，选择 Z 轴作为旋转轴线，在对话框中输入阵列的数目为 2，输入旋转角度为 180°，完成另外一侧的定位块阵列，如图 3.9-49 所示。

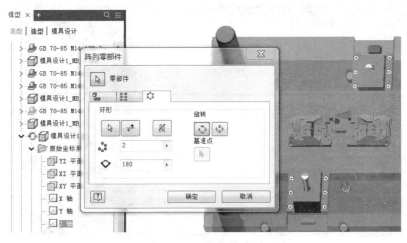

图 3.9-49　定位块阵列

➤ 在导航器的"装配"中，可以看到"零部件阵列"的元素分别为"限位块1"和"限位块2"，如图 3.9-50 所示。所有调用的标准件和自定义的零件都可以在导航器装配项目下进行查找、选择和编辑等操作。

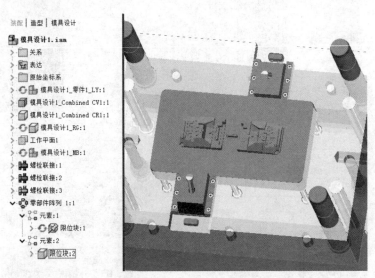

图 3.9-50　阵列限位块的效果

➤ 限位块虽然定位了，但需要用螺钉紧固。在主菜单"设计"中单击"螺栓联接"图标，在对话框中选择放置选项为"线性"，起始平面为定位块的平面，线性边分别选择定位块长边与短边的外轮廓线，距离分别为 5mm 和 11mm，如图 3.9-51 所示，使螺钉位于定位块的中心，选择模板库中的"ISO 4762 M4×16"规格。单击"设置"按钮，预览的螺钉头部超出了定位块的上表面，需要改变螺钉头部的联接形式，方法参考 3.8 节。

➤ 调用好螺钉后，由于另一侧的限位块是阵列零件得到的，存在父子关联，所以另一侧的限位块出现了相应的螺钉安装孔，如图 3.9-52 所示。另一侧限位块的螺钉调用方法不再详述，读者可采用"同心"放置的方式调用。

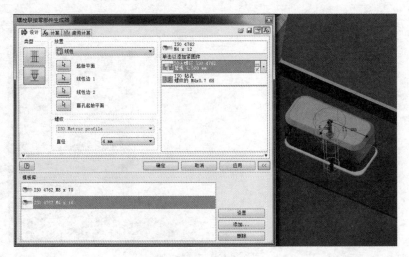

图 3.9-51　调用螺钉

➢ 下面对滑块结构进行设计，在导航器"模具设计"选项中，展开"零件 1"项，找到并展开"镶件"子项，选择"镶件 1"后，在右击出现的菜单中，选择"可见性"选项，使隐藏的镶件显示，如图 3.9-53 所示。在主菜单"模具部件"中，单击"模具布尔运算"图标，在出现的对话框中，单击"添加"按钮，类似于求和，"目标体"选滑块，"工具体"选镶件，确定完成，如图 3.9-54 所示。

➢ 从图 3.9-55 中可以看到，滑块与镶件合并为一体，成为新的滑块。

图 3.9-52　另一侧螺钉的调用

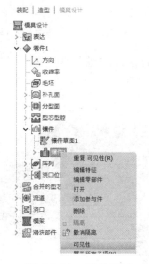

图 3.9-53　镶件显示

图 3.9-54　模具布尔运算

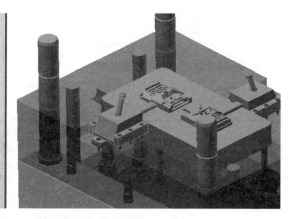

图 3.9-55　模具布尔运算的效果

➢ 选择非阵列的滑块，如果不清楚哪一个是主滑块，从图 3.9-55 所示的导航器中，可以看到"阵列"展开的"模具设计 1_ 零件 1_PZ：1"为父项侧抽芯机构部分，下面的为阵列的子项抽芯机构部分。在"选择零件优先"模式下，选择父项抽芯机构中的滑块，右击菜单打开后进入造型设计界面，选择如图 3.9-56 所示的平面绘制草图。通过投影获得轮廓线，对轮廓线偏移距离为 6mm，获得扩大的轮廓线，用两条直线连接投影线与偏移线并水平，完成草图。

➢ 继续选择滑块头部内凹的平面为草绘平面，选择头部的环形平面进行投影，获得环形轮廓线，如图 3.9-57 所示，完成草图。

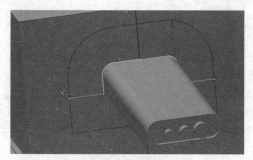

图 3.9-56　绘制草图

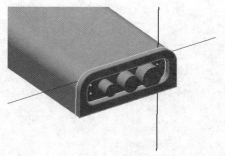

图 3.9-57　面投影

➢ 单击"放样"图标，出现"放样"对话框。在对话框中默认为"求并"，选择滑块前端面的环形草图，如图 3.9-58 所示，在建模界面的左下角，显示投影的草图有多个回路，用指针选择环形草图的最大轮廓线作为放样截面。

图 3.9-58　放样

➢ 然后在对话框中选择"单击以添加"另外的截面，选择前面用偏移方法绘制的草图轮廓，如图 3.9-59 所示，作为放样的另外一个截面。因为绘制的草图有多个封闭的区域，需要选择镶件所处的区域轮廓内，该区域也位于分型平面上方。

图 3.9-59　选择截面的轮廓

➤ 再选择对话框中的任一草图项目，本对话框中选择的是"草图9"，将预显示放样的结果，如图3.9-60所示。从图3.9-60中可以看到两截面之间的连线较多，需要合并相切面。

图3.9-60　放样特性预显示

➤ 将对话框中的"合并相切面"复选框激活，如图3.9-61所示，完成放样。

图3.9-61　放样特性的效果

➤ 为了使滑块抽芯的动作及时可靠，常常需要安装预压弹簧。弹簧安装的孔位可以设计在如图3.9-62所示的平面上，绘制直径为9mm的圆，与底面轮廓距离为8mm。

➤ 用"拉伸"命令，求差，深度为16mm，完成安装孔的设计，如图3.9-63所示。

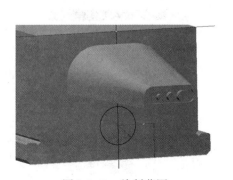

图3.9-62　绘制草图

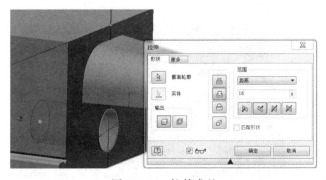

图3.9-63　拉伸求差

➢ 对安装孔口，包括斜导柱的上下孔口进行倒角，倒角边长为 1mm，如图 3.9-64 所示。

➢ 继续用倒角命令对滑块的成型部分倒角，倒角边长为 2mm，如图 3.9-65 所示；对滑块座前端倒角，倒角边长为 4mm，如图 3.9-66 所示。

➢ 用倒圆角命令对滑块中斜孔的孔口，倒半径为 1mm 的圆角，如图 3.9-67 所示。

➢ 保存后关闭造型界面，回到模具设界面，更新保存，可以看到阵列的滑块结构也相应改变，如图 3.9-68 所示。

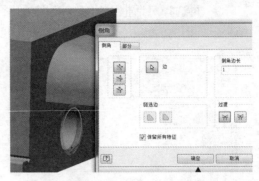

图 3.9-64　对孔口倒角

图 3.9-65　对滑块的成型部分倒角

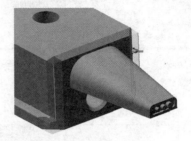

图 3.9-66　对滑块座前端倒斜角

图 3.9-67　倒圆角

➢ 将导航器"模具设计"选项下的"合并的型腔 1"显示，如图 3.9-69 所示。

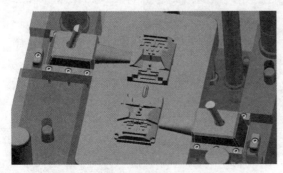

图 3.9-68　子项滑块结构自动更新

图 3.9-69　显示"合并的型腔 1"

➢ 单击"模具布尔运算"图标，在出现的对话框中默认为"删除"，相当于求差。选择一侧的滑块零件作为切割工具，型腔镶件作为实体，两者求差，确定完成，如图 3.9-70 所示。另一侧的滑块与型腔镶件求差用同样的方法，确定完成。

➢ 将型腔镶件零件单独打开，可以看到求差后的效果，如图 3.9-71 所示，并对求差后两侧开槽的大端倒角，倒角边长为 1mm。

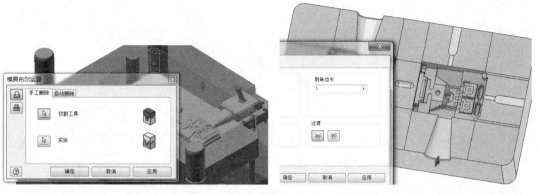

图 3.9-70　模具布尔运算　　　　　　　　　图 3.9-71　倒角

➢ 保存后关闭"型腔镶件"窗口，进入模具设计界面，更新保存。将导航器"模具设计"选项下的"合并的型芯/型腔"隐藏，如图 3.9-72 所示。后面在设计过程中，需要对镶件及其他零件的显示和隐藏不再详述。

3.9.3　复位弹簧的调用

复位弹簧调用的操作步骤如下：

➢ 在主菜单"装配"中，在"放置"图标下，选择"从资源中心装入"，如图 3.9-73 所示。

图 3.9-72　隐藏"合并的型芯/型腔"　　　图 3.9-73　选择"从资源中心装入"命令

➢ 在"从资源中心放置"对话框中，选择"模具"选项下的"配件"，找到"弹簧"项，从类别列表中，选择"矩形钢丝"，如图 3.9-74 所示。

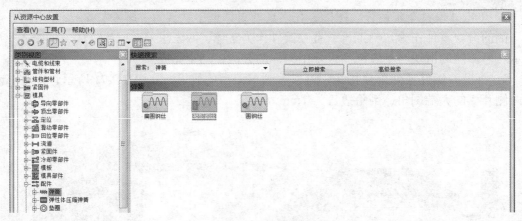

图 3.9-74　矩形钢丝

➢ 双击"矩形钢丝"，出现矩形弹簧的各种规格，选择"SSWF"型号，如图 3.9-75 所示，单击"确定"按钮。

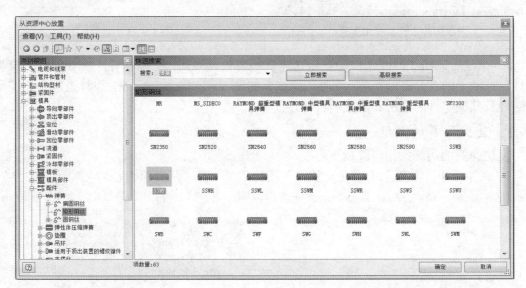

图 3.9-75　钢丝型号

➢ 在出现的"SSWF"对话框中，根据前面预压弹簧安装孔的直径，选择 D 为 8mm，L 为 20mm，L1 为 16mm，预压的长度为 4mm，将"作为自定义"复选框激活，如图 3.9-76 所示，单击"确定"按钮。

➢ 接着在出现的"另存为"对话框中，将弹簧文件保存在"bjz"文件夹中，如图 3.9-77 所示。

➢ 移动指针，在任意位置单击，分别放置两个弹簧，如图 3.9-78 所示，按键盘上的〈ESC〉键，退出。

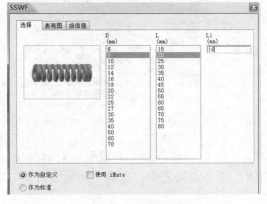

图 3.9-76　钢丝参数

图 3.9-77　弹簧文件的保存

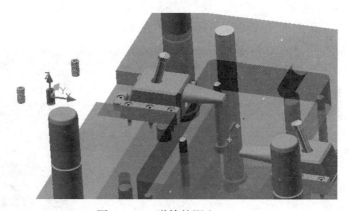

图 3.9-78　弹簧的调入

➢ 在主菜单"装配"中，单击"约束"图标，出现"放置约束"对话框。在对话框中约束类型默认，选择弹簧的上端面，如图 3.9-79 所示。

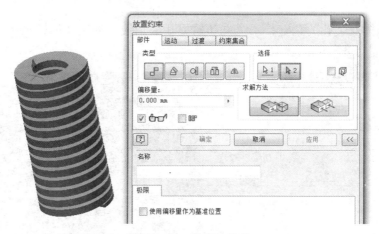

图 3.9-79　弹簧的约束

➢ 接着选择弹簧安装孔的底端面，如图 3.9-80 所示，在对话框中单击"应用"按钮。

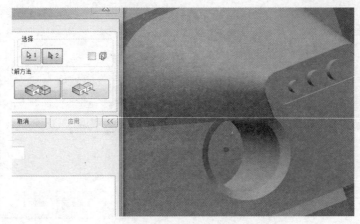

图 3.9-80　选择孔底面

> 在导航器"装配"选项下，找到"SSWF-8-20:1"的原始坐标系，展开后选择"Z
轴"选项，即为弹簧的回转中心线，如图 3.9-81 所示。

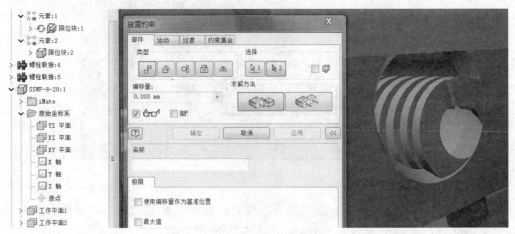

图 3.9-81　选择弹簧的回转中心线

> 继续选择安装孔的孔壁，系统自动捕捉孔的轴线，如图 3.9-82 所示，对话框中选
择求解方法为"对齐"。

图 3.9-82　轴线对齐约束

> 从图 3.9-83 中可以看到弹簧的回转中心线与安装孔的中心线对齐，单击"应用"按钮，完成弹簧装配。另外一个弹簧的装配方法相同，不再详述。也可以通过装配阵列的方法进行复制弹簧，可参考前面"定位块"的阵列方法。

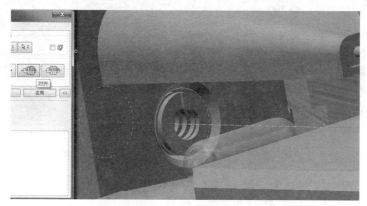

图 3.9-83　装配弹簧的效果

3.9.4　其他局部结构设计

其他局部结构设计的操作步骤如下：

> 将滑块隐藏，观察到斜导柱尾部与 B 板存在干涉，处于碰撞状态，需要进一步对 B 板进行编辑。双击 B 板，使其单独激活，选择如图 3.9-84 所示的面草绘，分别对两个斜导柱尾部的圆球轮廓投影，以投影的圆心作为参考，分别绘制两个直径为 11mm 的圆。

> 用"拉伸"命令，求差，深度为 5mm，如图 3.9-85 所示。完成斜导柱尾部的间隙设计，单击"返回"图标，关闭窗口，回到模具设计界面，保存。

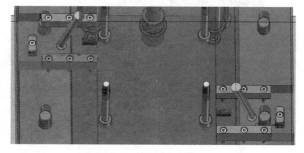

图 3.9-84　绘制草图

图 3.9-85　拉伸求差

> 在导航器中将隐藏的"滑块"和"合并的型芯"显示，以"选择零件优先"模式，全部框选，如图 3.9-86 所示。在右击出现的快捷菜单中选择"撤销隔离"命令。

> 在选择模式中，选择"反向选择"命令，如图 3.9-87 所示。

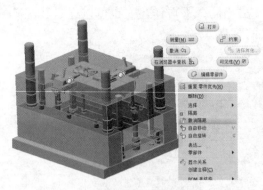

图 3.9-86　撤销隔离

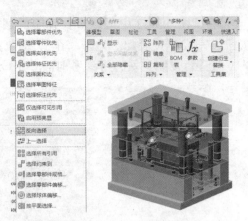

图 3.9-87　反向选择

➤ 此时反向选中的部分为上模结构，在右击出现的快捷菜单中选择"隔离"命令，如图 3.9-88 所示。下模结构隐藏，显示上模结构，如图 3.9-89 所示。

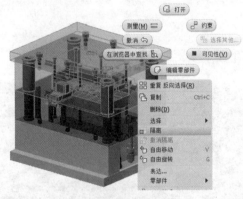

图 3.9-88　隔离显示

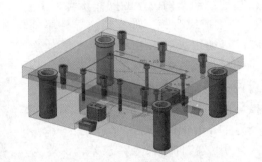

图 3.9-89　显示上模结构

➤ 通过观察，定位台阶（也称为楔紧块）的上表面与 A 板存在 2.5mm 的间隙，此间隙是调用滑块机构，自动求差所致，需要补充该间隙，如图 3.9-90 所示。

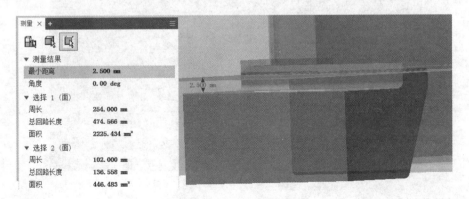

图 3.9-90　测量间隙

➤ 同时发现，楔紧块定位用的长方形凸台进入 A 板的深度较浅，起不到较好的定位作用，同样需要改进 A 板的结构，如图 3.9-91 所示。

➤ 将 A 板单独打开，先将 A 板中调用螺钉所绘制的草图隐藏，然后选择如图 3.9-92 所示的平面进行草绘。

图 3.9-91　固定槽深度较浅

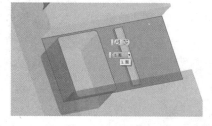

图 3.9-92　选择草绘平面

➤ 绘制一个矩形，矩形左侧的边与深槽轮廓的距离为 1mm，其余的定位与绘图轮廓重合，如图 3.9-93 所示。另外将长方形槽进行投影，获得投影几何轮廓。

➤ 进行拉伸，求和，拉伸距离为 2.5mm，如图 3.9-94 所示。

➤ 对拉伸形成的台阶倒半径为 2mm 的圆角，如图 3.9-95 所示，并对长方形槽的一个长边倒角，倒角边长为 1.5mm，该处倒角是为了避空楔紧块的圆角，如图 3.9-96 所示。

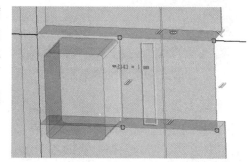

图 3.9-93　绘制草图

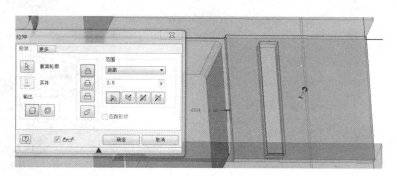

图 3.9-94　拉伸求和

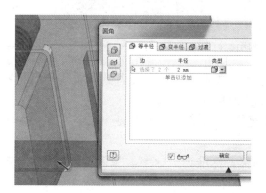

图 3.9-95　对台阶倒圆角

图 3.9-96　对长边倒角

➤ 继续对长方形槽的内角倒半径为 1mm 的圆角，如图 3.9-97 所示。A 板中另一侧的楔紧块定位槽及相关结构的编辑不再详述，方法同上。

➤ 完成后，保存并关闭当前窗口，进入模具设计界面，选择父项级别的楔紧块即非阵列的楔紧块，单独打开。对如图 3.9-98 所示楔紧块定位台阶的四个转角倒角，倒角边长为 1.5mm，目的是为了不与安装槽的四个圆角发生干涉，便于安装。

图 3.9-97　对内角倒圆角

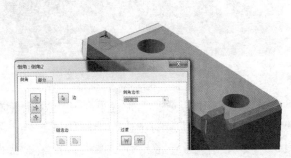

图 3.9-98　对转角倒角

➤ 完成后，保存并关闭当前窗口，进入模具设计界面，更新并保存。接着对楔紧块用螺钉紧固。如图 3.9-99 所示，在"螺栓联接零部件生成器"对话框中，采用"同心"的放置方式，对每个楔紧块的各个螺孔，调用 M5 的螺钉，并添加到模板库中，具体步骤不再详述。

图 3.9-99　调用螺钉

➤ 接着将父项的固定块而非阵列的固定块，单独打开，可以看到固定块自带螺孔，为了匹配合适的螺钉，需要对孔重新编辑，如图 3.9-100 所示。

➤ 在导航器中找到"孔 1"，在右出现的快捷菜单中选择"编辑特征"命令，如图 3.9-101 所示。

➤ 在对话框中，选择类型为"配合孔"图标，标准为"ISO"，紧固件类型为"Socket Head Cap Screw ISO 4762"，尺寸为"M6"，终止方式为"贯通"图标，如图 3.9-102 所示。另外一个孔用相同方法编辑。

图 3.9-100　螺孔特征

图 3.9-101　编辑特征

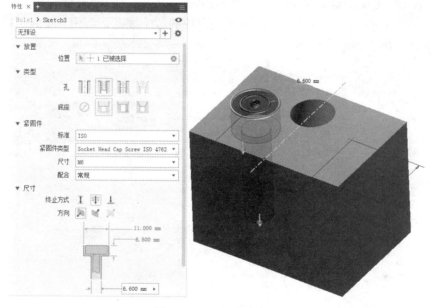

图 3.9-102　沉头孔类型

> 固定块中间的通孔直径比斜导柱的直径大，不能固定斜导柱。单击"加厚 / 偏移"图标，在出现的"加厚 / 偏移"对话框中，输入单边距离为 1mm，向内偏移，应用完成，如图 3.9-103 所示。

> 继续对固定块中间的沉头孔深度进行偏移，用同样的命令，输入距离为 5mm，使沉头孔的底面抬高，如图 3.9-104 所示，用于斜顶柱头部的固定。确定完成后，保存，关闭当前窗口，进入模具设计界面，更新并保存。

图 3.9-103　孔壁的偏移

图 3.9-104　底面的偏移

➤ 接着对固定块用螺钉紧固。如图 3.9-105 所示，在"螺栓联接零部件生成器"对话框中，采用"同心"的放置方式，对两个固定块的各个螺孔，调用 M6 的螺钉，并添加到模板库中，具体步骤不再详述。

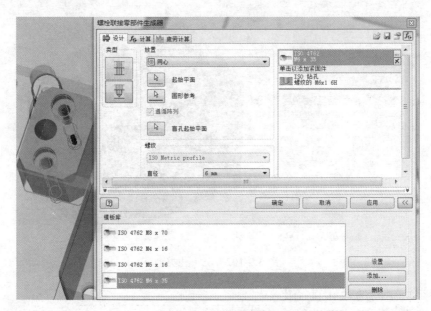

图 3.9-105　调用螺钉

➤ 保存后螺钉的调用效果，如图 3.9-106 所示。同时在图中可以看到，前面绘制的草图和创建的抽芯镶件需要进行隐藏。

➤ 草图是为了调用螺钉，在 A 板的平面上进行绘制的，所以需要将 A 板单独打开后，将草图隐藏，如图 3.9-107 所示，此处不再详述。

➤ 对于抽芯镶件，在模具设计界面中，展开"零件 1"，找到"镶件"子项并展开，选择如图 3.9-108 所示的"镶件 1"，进行隐藏，然后保存。

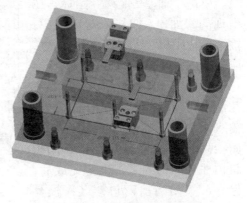

图 3.9-106　调用螺钉的效果

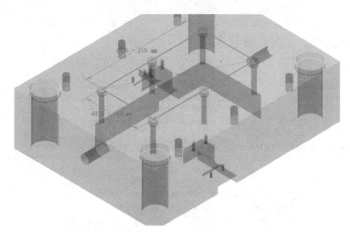

图 3.9-107　隐藏草图

➢ 在右击出现的快捷菜单中，选择"撤销隔离"命令，如图 3.9-109 所示。

图 3.9-108　隐藏镶件　　　　　　　　　图 3.9-109　撤销隔离

➢ 撤销隔离后将显示下模部分，如图 3.9-110 所示。再次检查设计的抽芯机构是否满足设计要求，并保存。

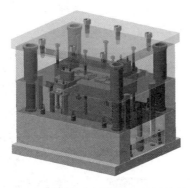

图 3.9-110　调用抽芯机构及相关设计的效果

3.10　斜顶机构调用与结构设计

斜顶机构调用与结构设计的操作步骤如下：

➢ 在塑件的内表侧面，存在一个长方形的内凹结构，如图 3.10-1 所示。为了更好地成型该结构，需要设置斜顶机构。

➢ 在"模具部件"主菜单下，单击"斜顶"图标，出现如图 3.10-2 所示的对话框。选用的类型为默认的"DME 扁芯刀片"，斜顶角度为 5°，最大抽芯行程大于 4mm，通过测量塑件内凹结构的深度为 1.005mm，默认的抽芯行程满足设计要求。

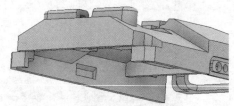

图 3.10-1　塑件的内凹结构

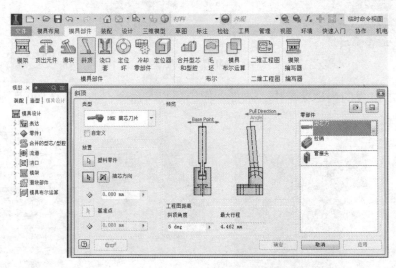

图 3.10-2　斜顶参数设置

➢ 在模具中，父项级的塑料零件自动被激活，选择 A 板侧面作为斜顶机构的抽芯方向，如图 3.10-3 所示，此时模具外侧位置出现调用的斜顶机构。图 3.10-3 中箭头的方向为斜顶的抽芯动作方向，应该与塑件的内凹结构所需要的抽芯方向一致。

➢ 斜顶机构需要准确对成型部位定位，将塑件的内凹结构放大，选择内凹结构中轮廓线中点，该轮廓线中点将作为抽芯机构的定位基准点，如图 3.10-4 所示。

图 3.10-3　确定抽芯方向

图 3.10-4　轮廓线中点定位

➢ 选择完基准点后，可以看到抽芯机构将移动到轮廓线中点位置，完成抽芯机构在一个方向上的定位，如图 3.10-5 所示。

➢ 将模具通过两个视角，正视于如图 3.10-6 所示的方位，观察当前抽芯机构中的型芯刀（即斜顶主体）相对塑件的位置，可以看到型芯刀在抽芯方向远离塑件，如图 3.10-7 所示。

➢ 在对话框中输入抽芯方向的偏移距离为 −105mm，斜顶机构将移动并与塑件相交，使型芯刀包络需要成型的内凹结构，如图 3.10-8 所示。

图 3.10-5　中点位置定位效果

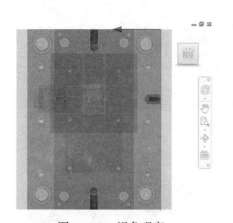

图 3.10-6　视角观察

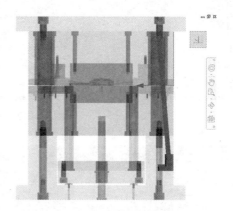

图 3.10-7　斜顶远离塑件

➢ 在"斜顶"对话框中，选择"拉销"零件的特性按钮，在出现的"拉销"对话框中，将"ULG_es1"的值改为 10，使拉销零件的安装槽贯穿顶针固定板，如图 3.10-9 所示，管接头参数默认。确定后，回到"斜顶"对话框，确定完成，斜顶机构将被调用。

➢ 接着将下模隔离，观察调用的斜顶机构效果。如图 3.10-10 所示，型芯刀的头部自动修剪，形成塑件内凹结构的成型特征，并与型芯镶件体自动求差。另外，斜顶机构中的"拉销"零件与顶针固定板也自动求差，形成安装槽，此处不再详述。由于父项塑件调用了斜顶机构，子项塑件在相应位置也同样调用并生成子项斜顶机构。

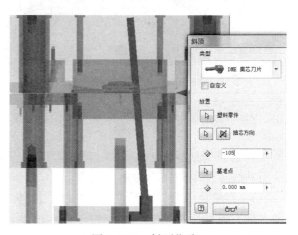

图 3.10-8　斜顶位移

➢ 在零件优先模式下，双击父项的型芯刀零件，使其单独激活，如图 3.10-11 所示。单击"开始创建二维草图"图标，选择型芯刀的侧面作为草图绘制平面。由于型芯刀有 7° 的斜角，模具会发生视角偏斜，不利于草图绘制，可以通过选择视角方格摆正模具。

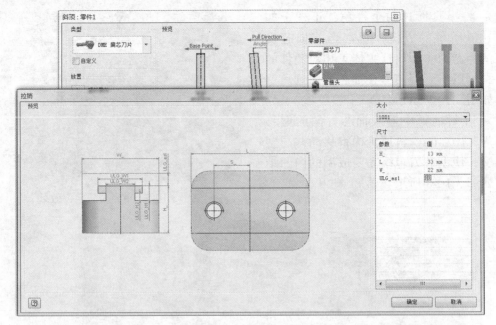

图 3.10-9　设置拉销参数

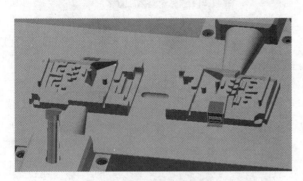

图 3.10-10　调用斜顶的效果

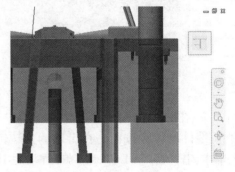

图 3.10-11　激活型芯刀并选择草绘平面

➢ 通过"线框"的视觉样式，绘制两条线段，如图 3.10-12 所示。竖直方向的线段长度为 8mm，与另外一条短横线垂直，短横线与型芯刀头底部的分型平面共线，使草图完全约束。

➢ 完成草图后，进行拉伸，求和，拉伸方向为第二方向，拉伸距离为 10mm，如图 3.10-13 所示，完成拉伸并返回。

➢ 通过单独打开型芯刀头零件可以看到其成型头的底部增加了材料，形成一段直面，如图 3.10-14 所示的结构，目的是为了加工时便于找到加工基准面。

➢ 由于型芯刀头结构的变化，此时的型芯刀已与型芯镶件发生干涉，需要求差。在"模具部件"菜

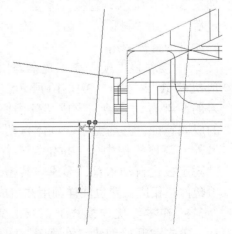

图 3.10-12　绘制草图

单下单击"模具布尔运算"图标。如图 3.10-15 所示，在"模具布尔运算"对话框中，分别将型芯刀作为切割工具，型芯镶件作为实体，应用完成。

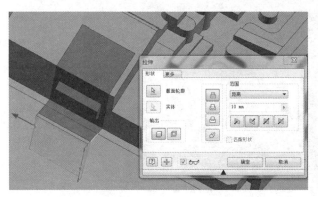

图 3.10-13　拉伸求和

图 3.10-14　型芯刀结构设计

图 3.10-15　模具布尔运算

> 将型芯镶件单独打开，可看到被型芯刀头的平直部分求差后的效果，如图 3.10-16 所示。

> 接着将 B 板单独打开，需要对型芯刀自动求差形成的斜孔进行编辑，如图 3.10-17 所示。此斜孔不需要与斜顶进行配合，为了便于加工，可以设计成直壁过孔的形式。

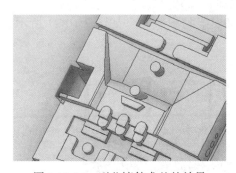

图 3.10-16　型芯镶件求差的效果

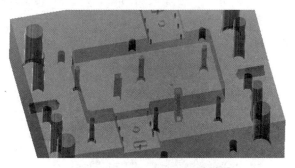

图 3.10-17　B 板求差的效果

> 选择如图 3.10-18 所示的平面绘制草图。

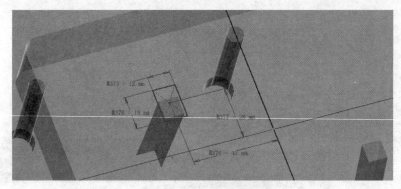

图 3.10-18　绘制草图

➢ 完成草图后，用拉伸命令，求差并贯穿，如图 3.10-19 所示。

图 3.10-19　拉伸求差

➢ 另外一侧的直壁过孔的设计通过"环形阵列"完成，此处不详述，最终的效果如图 3.10-20 所示。保存并关闭窗口，回到模具设计界面，更新再保存。

➢ 撤销隔离后，在"模具设计"导航器中，将模架隐藏，剩下如图 3.10-21 所示的部分。

图 3.10-20　型芯刀过孔的结构

图 3.10-21　显示斜顶机构

➢ 在 "模具设计" 导航器中，展开模架，选择 "S-EP" 即顶针垫板，使其可见，如图 3.10-22 所示。

➢ 斜顶机构中的管接头（即基座）有两个螺孔，通过测量可知螺孔的尺寸为 M5，该管接头需要螺钉联接顶针固定板。单击 "设计" 主菜单下的

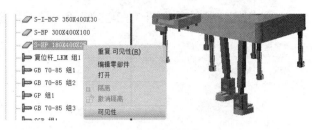

图 3.10-22　显示顶针垫板

"螺栓联接" 图标，出现 "螺栓连接零部件生成器" 对话框。在对话框中，选择顶针固定板底面为起始平面，圆形参考为管接头零件的螺孔，盲孔起始平面为管接头零件底面，选择模板库中 "ISO4762M5×16" 型号，并单击 "设置" 按钮，如图 3.10-23 所示。再将对话框中的圆形参考激活，选择其他的三个螺孔，调用相同的螺钉。

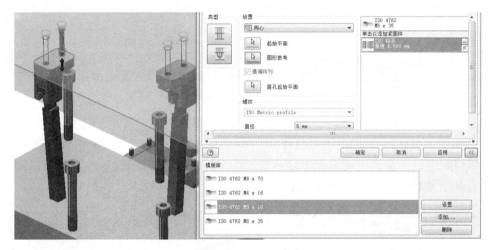

图 3.10-23　调用螺钉

➢ 通过观察发现，调用的四个螺钉头部高出顶针垫板表面，需要将头部埋入顶针固定板内。在对话框中，单击 "ISO 钻孔 普通 9.000mm" 项目右侧的三角形按钮，将出现螺钉头部联接形式的对话框，默认为 "ISO"，选择列表中 "ISO- 凹头螺钉 ISO 4762" 形式，如图 3.10-24 所示，单击 "确定" 按钮完成管接头零件的联接。后续对于零件上需要调用螺钉的方法和过程不再详述，读者根据前面介绍的方法进行应用即可。

图 3.10-24　设置沉头形式

➢ 调用螺钉的效果如图 3.10-25 所示。最后将隐藏的模架显示并保存。

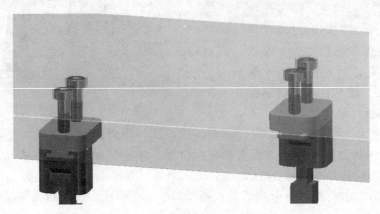

图 3.10-25　调用螺钉的效果

3.11　顶针的排位与调用

顶针排位与调用的操作步骤如下：

➢ 在"模具布局"主菜单下，单击"冷料井"图标，在出现的对话框中，默认类型为锥形，如图 3.11-1 所示。在图 3.11-1 中右侧的流道草图线段上，单击该线段左端点，作为冷料井的定位。在比例文本框中输入 0，使冷料井位于分流道的中心位置，冷料井轮廓的小端直径为 6mm，其余参数不变。

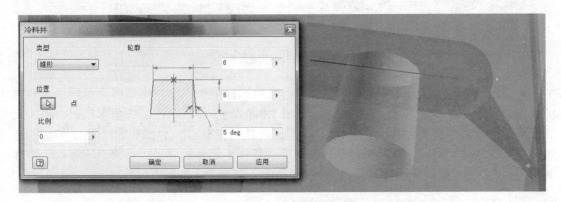

图 3.11-1　设置冷料井

➢ 在"模具部件"主菜单下，单击"顶出元件"图标，在出现的对话框中，顶针默认的类型为"DME AH"与"顶出塑件零件"，选择顶针直径为 3mm，长度为 250mm，如图 3.11-2 所示。

➢ 父项级的塑件被激活，移动鼠标指针单击塑件左上角位置添加第一个顶针，然后在塑件的右上角位置添加第二个，接下来继续添加 5 个如图 3.11-3 所示位置的顶针，方向是从左到右依次添加，共添加 7 个直径为 3mm 的顶针。该 7 个顶针的位置需要具体定位，在应用按钮右侧，打开双箭头按钮，将展开顶针在当前坐标系的位置，可以看到各个顶针在 XY 方向的具体坐标值，通过修改坐标值，使其精确定位。

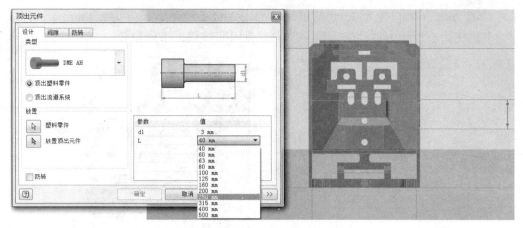

图 3.11-2　设置顶出元件参数

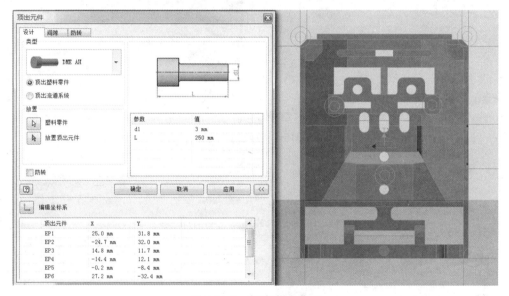

图 3.11-3　初定顶出位置

➢ 在对话框中，各个顶针在坐标系中的坐标值如图 3.11-4a、b 所示，单击"应用"按钮，生成顶针。

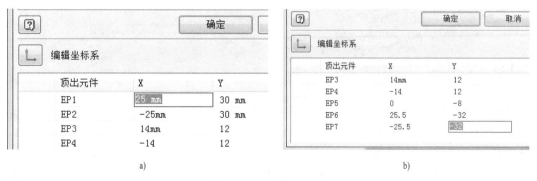

a)　　　　　　　　　　　　　　　　b)

图 3.11-4　顶针的定位

➢ 继续添加一个直径为 3mm 的顶针，如图 3.11-5 所示，长度为 250mm。选择前面设计的工艺柱圆心，作为顶针的定位，单击"应用"按钮，生成顶针。

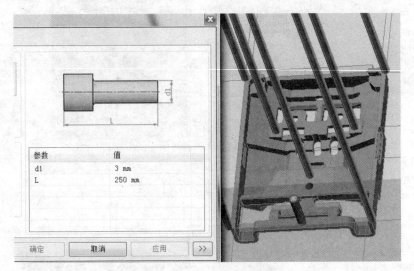

图 3.11-5　添加顶针

➢ 在"顶出元件"对话框中选择"顶出流道系统"选项，顶针直径选为 6mm，长度为 250mm，如图 3.11-6 所示。选择流道草图 的端点，展开坐标，在位置文本输入框中输入 1 或 0，使顶针位于分流道的中心。该顶针主要是用来顶出冷料穴当中的凝料。

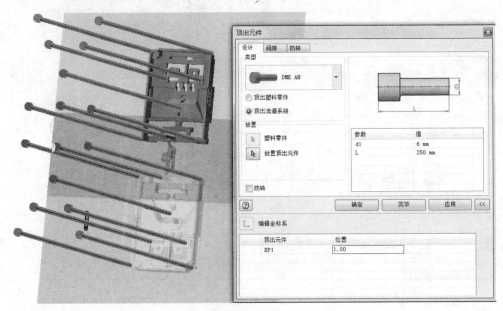

图 3.11-6　添加流道系统顶针

➢ 将模架隐藏，可以看到有一个顶针在排位时与斜顶机构中的零件发生干涉，如图 3.11-7 所示，需要将该顶针删除。

➢ 在"模具设计"导航器中，展开顶出零部件，右击"EP 组 1"，出现快捷菜单，选择"编辑特征"命令，如图 3.11-8 所示。

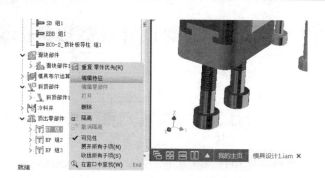

图 3.11-7　顶针与斜顶零件干涉　　　　　　图 3.11-8　编辑顶出零件

➢ 在出现的对话框中，分别找到"EP3"与"EP4"，右击删除。单击对话框中的"放置顶出元件"，并在塑件上添加新的顶针"EP8"，如图 3.11-9 所示，修改其坐标位置，确定完成。

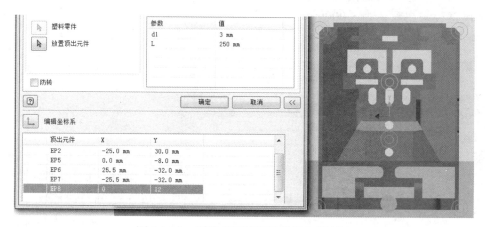

图 3.11-9　删除干涉的顶针并添加新顶针

➢ 将型芯镶件单独打开，看到其中有一个工艺柱的孔位未贯穿，如图 3.11-10 所示，需要通过"拉伸"命令，求差贯穿。具体操作不再详述，求差后的效果如图 3.11-11 所示。另外通过"模具设计"导航器，将 B 板（S-BP）和顶针固定板（S-ERP）单独打开，观察调用顶针后各自的效果，此处不再详述。对于顶针的调用和排位，是否满足模具设计标准要求，还需要结合设计经验综合考虑，本节主要讲解顶针的调用和编辑方法，读者可自行进行排位，结合经验获得最优化的设计，也包括前面斜顶的机构选用及相关的结构设计。

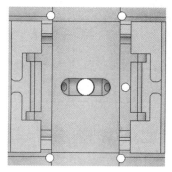

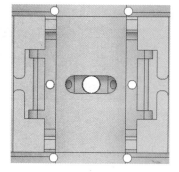

图 3.11-10　工艺柱孔位未贯穿　　　　　　图 3.11-11　拉伸求差的效果

3.12 冷却水道的设计及标准件的调用

3.12.1 主要冷却水道设计

主要冷却水道设计的操作步骤如下：

➢ 将型腔与型芯镶件隔离，如图 3.12-1 所示。以线框形式显示，便于观察水道设计过程中是否与其他结构发生干涉，选择"右"视角，使镶件视角正视。

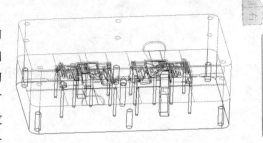

➢ 在"模具布局"菜单中，单击"冷却水道"图标，出现"冷却水道"对话框，如图 3.12-2 所示。选择型芯的表面作为水道的放置面，接着选择侧面和底面作为定位尺寸的参考，也可以选用其他钻孔的直径。本设计的水道直径采用默认为 8.000mm，水道头部为管螺纹特征。

图 3.12-1 型腔与型芯镶件隔离

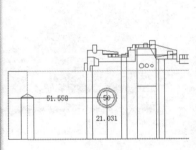

图 3.12-2 设置冷却水道

➢ 单击定位尺寸，修改尺寸分别为 51mm 和 20mm，如图 3.12-3 所示。

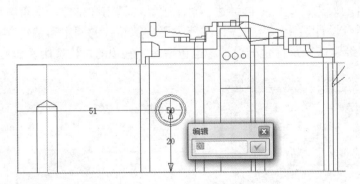

图 3.12-3 水道的定位

➢ 在对话框中添加"插入交叉工艺孔"，如图 3.12-4 所示。

➢ 将交叉工艺孔深度选为 4mm，如图 3.12-5 所示。

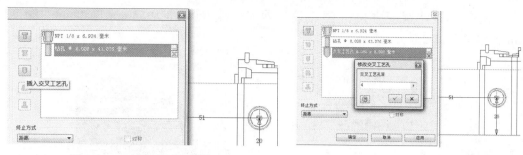

图 3.12-4　插入交叉工艺孔　　　　　图 3.12-5　设置交叉工艺孔深度

➤ 将水道的长度修改为 74mm，如图 3.12-6 所示，单击"应用"按钮，完成第一水道的设计。

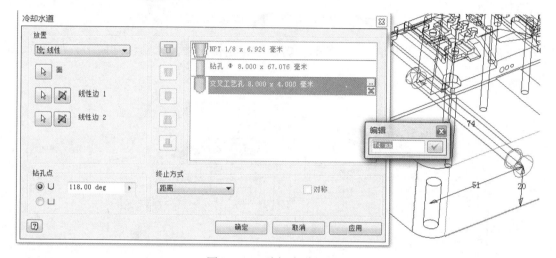

图 3.12-6　编辑水道的长度

➤ 继续在型芯镶件的同一侧，添加另外一个水道，如图 3.12-7 所示，方法同上，各定位尺寸相同，此处不再详述，由于型芯镶件与型腔镶件的显示模式不同，根据需要来切换显示模式，以便于设计水道。

➤ 接着对型腔镶件添加两个冷却水道，各个定位尺寸分别以型腔镶件的相邻侧面与顶面作为参考，尺寸分别为 51mm 与 20mm，水道深度与前面相同，设置效果如图 3.12-8 所示。

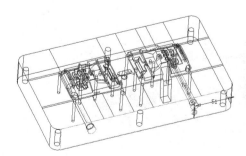

图 3.12-7　另一侧水道的设计

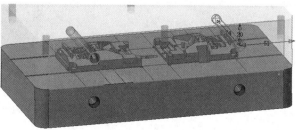

图 3.12-8　型腔镶件的水道设置效果

➤ 在型芯镶件宽度方向的侧面设置水道，定位尺寸为 55mm 与 20mm，深度为 90mm，如图 3.12-9 所示。

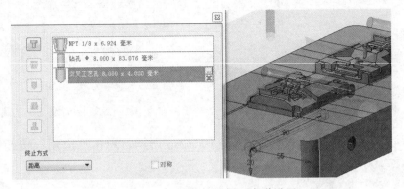

图 3.12-9　型芯镶件的侧面水道设置

➤ 在型芯镶件宽度方向的另一侧面设置水道，定位尺寸及水道深度同上，如图 3.12-10 所示。

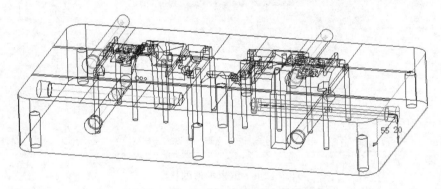

图 3.12-10　另一侧面的水道设置

➤ 在同一侧面继续设置水道，定位尺寸为 74mm 与 20mm，如图 3.12-11 所示。此水道的长度将设计成贯通形式。

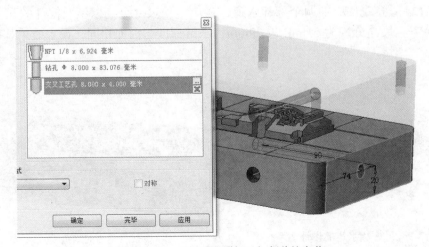

图 3.12-11　同一侧面第二个水道的定位

➢ 在对话框中，将终止方式选为"终止面"，单击"指针"按钮，选取型芯镶件上水道的终止面，即水道放置面的对面，水道将贯穿整个型芯镶件，将"对称"复选框激活，可以看到另一侧的水道头部，自动添加了管螺纹特征，如图 3.12-12 所示，应用完成。

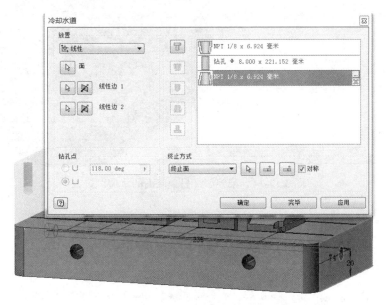

图 3.12-12　水道的贯穿设置

➢ 在型腔镶件宽度方向的侧面设置水道，对话框的相关设置沿用了上一对话框中的参数，需要重新设置。如图 3.12-13 所示，钻孔点为 118.00°，添加交差工艺孔，其孔深改为 4.000mm，终止方式选"距离"，定位尺寸分别为 55mm 与 20mm，水道的深度修改为 90mm。

图 3.12-13　型腔镶件侧面的水道设置

➢ 在型腔镶件宽度方向的另一侧面设置相同水道，其定位尺寸与深度相同，不再详述，如图 3.12-14 所示。

➢ 接着在同一侧，设计贯穿的水道，终止面为水道放置面的对面，将对此复选框激活，如图 3.12-15 所示。具体可参考型芯镶件上贯穿水道设置的步骤，定位尺寸分别为74mm 与 20mm。

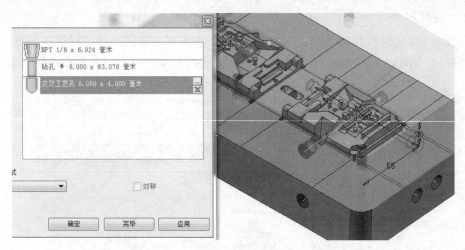

图 3.12-14　型腔镶件另一侧面的水道设置

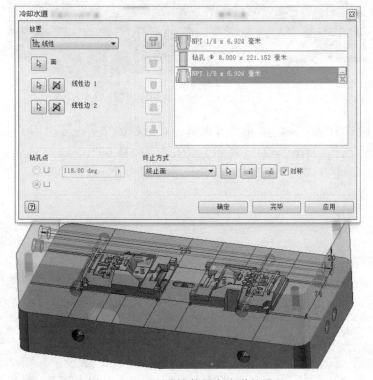

图 3.12-15　型腔镶件贯穿水道的设置

➤ 将型芯和型腔镶件隐藏，可以看到前面水道设计的效果，如图 3.12-16 所示。

➤ 将冷却水道对话框中的放置形式改为"从冷却水道"，将"钻孔"项和"交叉工艺孔"项保留或添加，工艺孔的深度改为 4.000mm，将管螺纹项剔除，钻孔点为 118.00°，终止方式为距离，如图 3.12-17 所示。

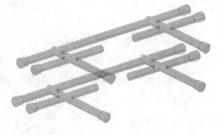

图 3.12-16　水道设计的效果

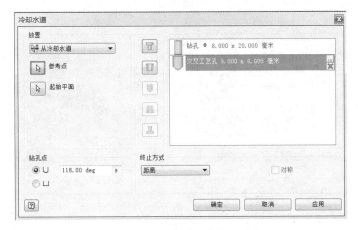

图 3.12-17　改变水道放置形式

➢ 单击"参考点"按钮，找到定位尺寸为 55mm 与 20mm ，深度为 90mm，在型芯镶件宽度方向的侧面水道，如图 3.12-18 所示，选择其终端的节点，作为本次水道设计的参考点，然后选择型芯镶件的底面作为"起始平面"，完成竖直水道的设置。

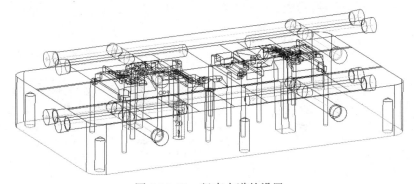

图 3.12-18　竖直水道的设置

➢ 接着找到本型芯镶件中对称的侧面水道，用同样的方法完成水道设计，不再详述，如图 3.12-19 所示。

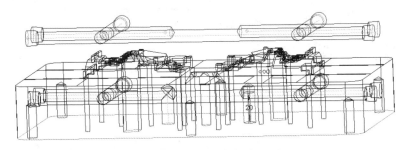

图 3.12-19　另一竖直水道的设置

➢ 用同样的方法对型腔镶件设计两个竖直方向的水道，如图 3.12-20 所示。参考点同样为水道终端的节点，参考面为型腔镶件的上表面。

➢ 将型芯和型腔镶件隐藏后，可以看到当前设计的效果，如图 3.12-21 所示。

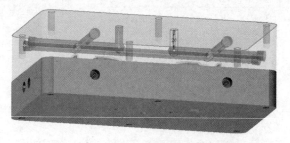

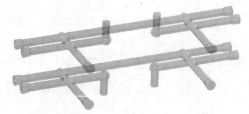

图 3.12-20　型腔镶件的竖直水道设置 　　　　图 3.12-21　竖直水道设置的效果

3.12.2　标准件调用与局部水道设计

标准件调用与局部水道设计的操作步骤如下：

➢ 在"模具部件"主菜单下，单击"冷却零部件"图标，出现对话框架，如图 3.12-22 所示。单击"DME N（N 6-1-8A 系列）"右侧的三角形按钮。

➢ 出现默认厂商 DME 的水嘴型号，在分类项中，选择"螺塞"选项，如图 3.12-23 所示。

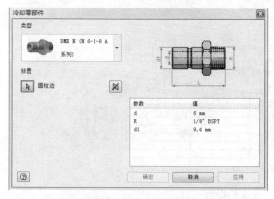

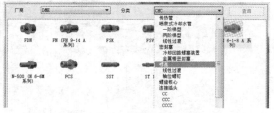

图 3.12-22　冷却零件的选用 　　　　　　图 3.12-23　螺塞零件的调用

➢ 选择"AN"型号，如图 3.12-24 所示。

图 3.12-24　螺塞的型号

➢ 回到对话框中，螺塞的型号应与水道头部的管螺纹匹配，选择冷却水道头部的圆周轮廓线，添加螺塞，如图 3.12-25 所示。

➢ 继续添加其他水道头部的螺塞，此处不再详述，方法同上。将型芯和型腔镶件隐藏，最终调用螺塞的效果如图 3.12-26 所示，共添加了 12 个螺塞。

➢ 将型腔固定板显示，如图 3.12-27 所示，对该固定板设计冷却水道。

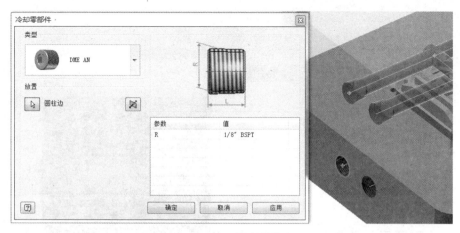

图 3.12-25　螺塞的装入

图 3.12-26　调用螺塞的效果

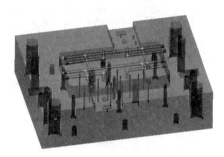

图 3.12-27　显示 A 板

➢ 在对话框中，选放置的类型为"从冷却水道"，"参考点"为型芯镶件中竖直水道的节点，起始平面为型芯固定板安装镶件的底面，水道的深度为 25mm，如图 3.12-28 所示。

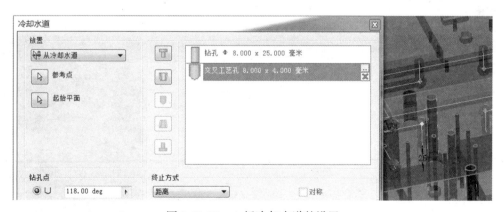

图 3.12-28　A 板冷却水道的设置

➢ 继续把镶件中另一侧的竖直水道作为参考，用同样方法，设置水道，如图 3.12-29 所示。

➢ 用调用"螺塞"的方法，调用"O 型密封圈"，选择"DR 1700"型号，如图 3.12-30 所示。

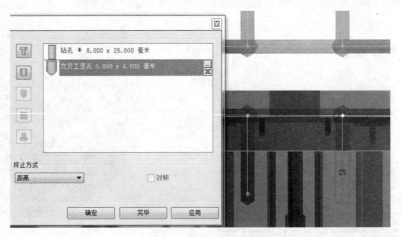

图 3.12-29　设置水道的效果

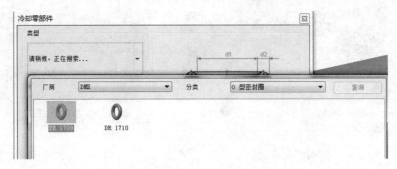

图 3.12-30　调用密封圈

➢ 在对话框中，密封圈的内径选为 12mm，截面直径选为 2mm，如图 3.12-31 所示。以上一步型芯固定板中创建的冷却水道为放置参考，以安装镶件的底面为放置平面，设置密封圈。

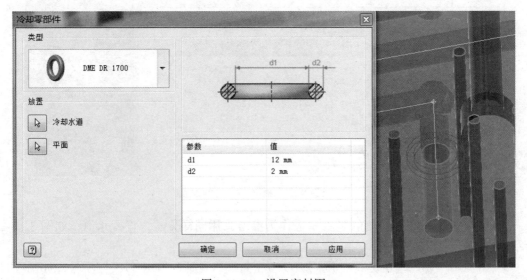

图 3.12-31　设置密封圈

➢ 用同样方法设置另一侧的密封圈，最终型芯固定板上调用的两个密封圈效果，如图 3.12-32 所示。

➢ 继续使用冷却水道命令，对型芯固定板设置水道，如图 3.12-33 所示。同样选择"从冷却水道放置"的方式，终止面为固定板的侧面，将对话框中"沉头孔""NPT"等按钮的各个项目全部添加。

➢ 用同样的方法添加另一侧的水道，如图 3.12-34 所示。

图 3.12-32　调用密封圈的效果

图 3.12-33　设置水道添加沉头和管螺纹结构

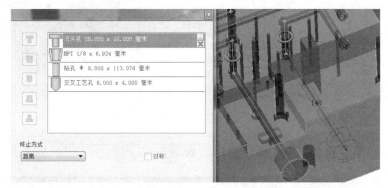

图 3.12-34　另一侧的水道添加

➢ 将型芯固定板隐藏，其水道特征设置的效果如图 3.12-35 所示。

➢ 将型腔固定板显示，如图 3.12-36 所示。读者可根据型芯固定板中设置水道和密封圈的方法自行操作，此处不再详述，调用的各个参数相同。

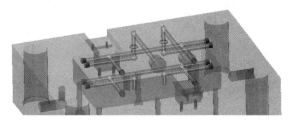

图 3.12-35　型芯固定板中水道特征设置的效果　　　　图 3.12-36　显示型腔固定板

➢ 型腔固定板中水道与密封圈的设置效果如图 3.12-37 所示。

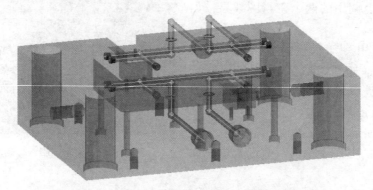

图 3.12-37　型腔固定板中水道与密封圈的设置效果

➢ 在"冷却零部件"对话框中，使用默认的水嘴，选择如图 3.12-38 所示水道头部圆周轮廓线，作为水嘴放置的参考边，用相同方法添加另一侧的水嘴。

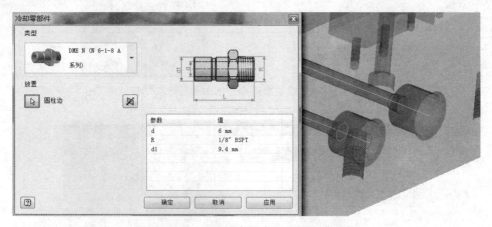

图 3.12-38　型腔固定板中调用的水嘴零件

➢ 将型芯固定板显示，添加两个水嘴，如图 3.12-39 所示，方法同上。

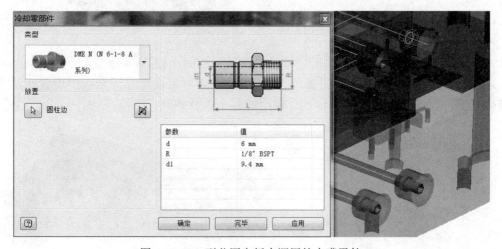

图 3.12-39　型芯固定板中调用的水嘴零件

➢ 将固定板隐藏，观察本设计最终的水道设计效果。完整的水道结构如图 3.12-40 所示。对于实际生产，要综合考虑水道设计的工艺性是否满足冷却的效果，同时还有兼顾顶针布局等。

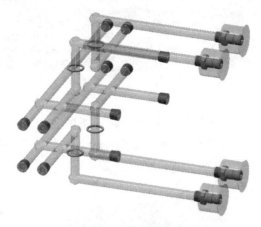

图 3.12-40　完整的水道结构

3.13　支撑柱设计

支撑柱设计的操作步骤如下：

➢ 将动模座板和型芯固定板隔离显示，其余零件隐藏，如图 3.13-1 所示。

➢ 在"装配"主菜单下，单击"创建"图标，出现对话框。如图 3.13-2 所示，新建部件名称为"支撑柱"，模板采用单位为 mm，选择模板的方法可参考"滑块机构中限位块的创建方法"，对话框中其余项目默认。

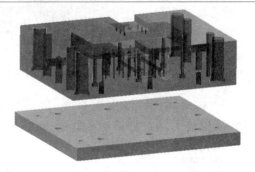

图 3.13-1　显示动模座板与型芯固定板

➢ 选择动模座的上表平面作为支撑柱的放置面，进入造型界面后，再次选择动模座的上表平面作为草绘平面，绘制如图 3.13-3 所示的两个圆，直径为 35mm，距离坐标原点为 120mm。

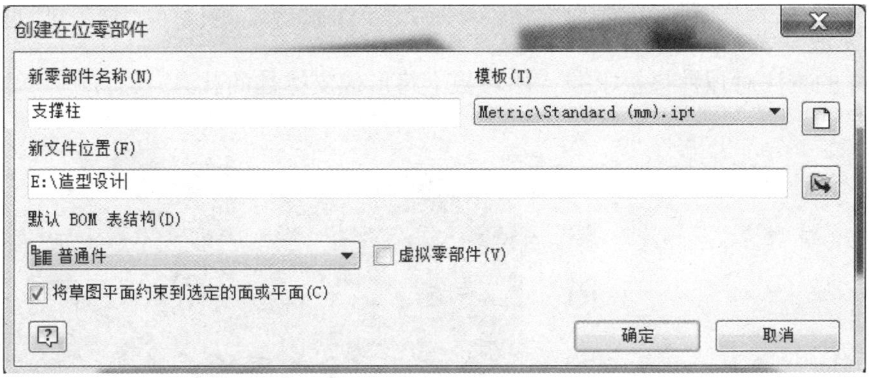

图 3.13-2　创建支撑柱零件

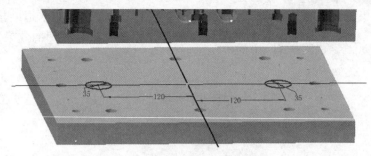

图 3.13-3　绘制草图

➤ 用"拉伸"命令，使拉伸的范围到型芯固定板的底面结束，如图 3.13-4 所示，并对支撑柱的上下圆周面的轮廓倒角（倒角边长为 2mm），此处不详述，返回完成。后续对于创建新零件时，基本的造型命令只做简单的步骤介绍。

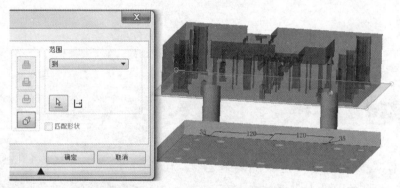

图 3.13-4　拉伸特征

➤ 取消隔离，显示所有零件，再将支撑柱、顶针固定板、顶针垫板与动模座板隔离，如图 3.13-5 所示。通过右击，把支撑柱固定。

➤ 在"模具部件"主菜单下，单击"模具布尔运算"图标，在出现的对话框中，把新建的支撑柱作为"切割工具"，把顶针固定板作为"实体"，完成求差，如图 3.13-6 所示。用同样的方法对顶针垫板求差，两块板上将形成支撑柱的孔。

图 3.13-5　显示顶针垫板与顶针固定板

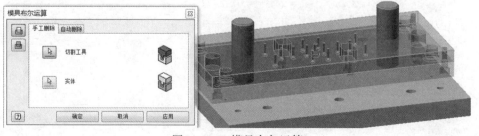

图 3.13-6　模具布尔运算

➤ 需要将两个板上的过孔扩大，形成间隙避空。将顶针固定板单独打开后，通过"加厚 / 偏移"命令，扩大其孔径，单边距离为 1mm，如图 3.13-7 所示。另外一个孔的操作使用同样的方法。保存并关闭窗口。进入"模具设计"界面，更新再保存。

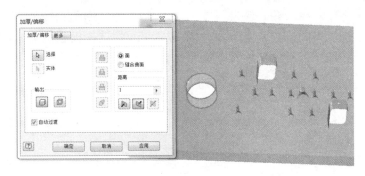

图 3.13-7　偏移孔壁

➤ 将顶针垫板单独打开后，通过"加厚 / 偏移"命令，扩大其孔径，单边距离为 1mm，如图 3.13-8 所示。另外一个孔的操作使用同样的方法。保存并关闭窗口，进入"模具设计"界面，更新再保存。

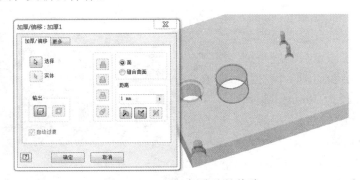

图 3.13-8　另一侧孔壁的偏移

➤ 将动模座板设置成"透明"状态。在"设计"主菜单下，单击"螺栓联接"图标，在出现的对话框中，选用 M8 的螺钉联接动模座板和支撑柱，如图 3.13-9 所示，并恢复动模座的原始显示状态，撤销隔离并保存。

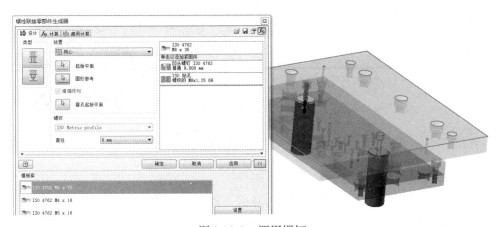

图 3.13-9　调用螺钉

3.14　限位柱设计

限位柱设计的操作步骤如下：

➢ 将型芯固定板隔离。在"装配"主菜单下，单击"创建"图标，在出现的对话框中，新建部件名称为"限位柱"，模板采用单位为 mm，选择模板的方法可参考"滑块机构中限位块的创建方法"，对话框中其余项目默认，如图 3.14-1 所示。

图 3.14-1　创建限位柱

➢ 选择型芯固定板的底面，作为限位柱的放置面，进入造型界面，再次选择型芯固定板的底平面作为草绘平面，绘制如图 3.14-2 所示的两个圆，直径为 30mm，距离坐标原点为 80mm。

➢ 塑件的高度为 15mm，顶出距离要大于塑件的高度 5~10mm，本设计的顶出距离定为 15mm+10mm=25mm。通过测量可

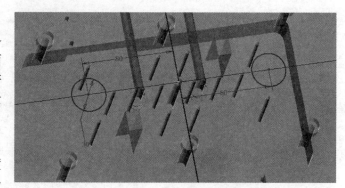

图 3.14-2　绘制草图

知，顶针固定板上表面与型芯固定板的下表面之间的间距为 51mm，51mm−25mm=26mm，用"拉伸"命令完成特征建模，距离为 26mm，如图 3.14-3 所示，完成拉伸。对限位柱上下圆周面的轮廓倒角（倒角边长为 1mm），完成返回并保存。

图 3.14-3　拉伸特征

➢ 在"设计"主菜单下，单击"螺栓联接"图标，选用 M8 的螺钉联接限位柱和型芯固定板，如图 3.14-4 所示，撤销隔离并保存。

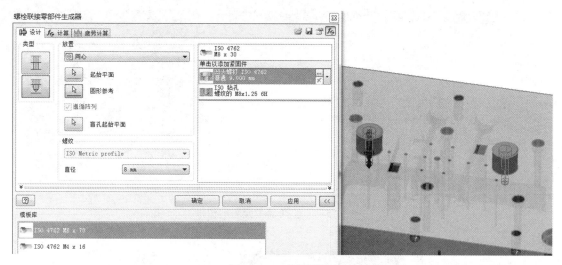

图 3.14-4　调用螺钉

3.15　定位器调用与编辑

定位器调用与编辑的操作步骤如下：

➢ 在"模具部件"主菜单下，单击"定位器"图标，在出现的对话框中，采用默认的类型"DME FW40"，用于"锁定模架"，参数值选为 25mm，如图 3.15-1 所示。

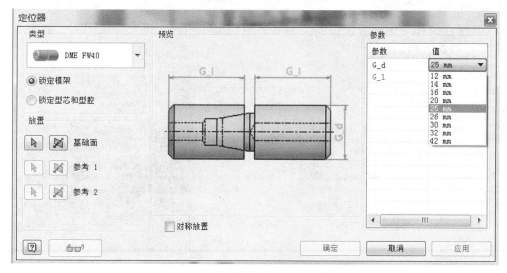

图 3.15-1　选用定位器

➢ 单击"基础面"按钮，选择型芯固定板上表面作为定位器的放置基础面，再分别选择型芯固定板的相邻两侧面作为定位器尺寸参考，定位尺寸为 83mm 与 65mm，如图 3.15-2 所示，将"对称放置"复选框激活，应用完成。

➢ 将下模部分隔离，可以看到在型芯固定板上表面设置的定位器效果。图 3.15-3 所示为定位器公锁零件，与之相配合的母锁零件位于型腔固定板内。

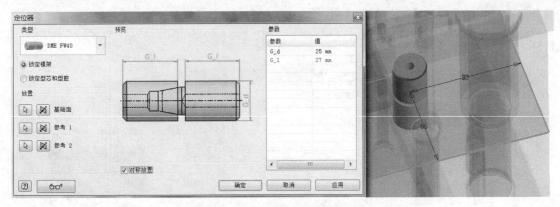

图 3.15-2　选择参考面与定位

图 3.15-3　显示定位器公锁零件

➢ 继续在另外一侧设置定位器，型号与定位尺寸相同，设置方法同上，如图 3.15-4 所示，对称放置，应用完成。

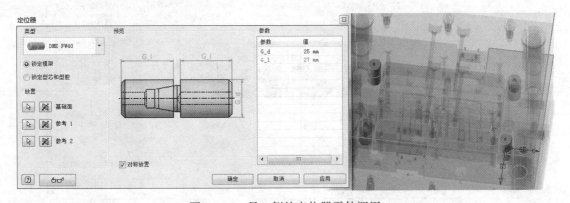

图 3.15-4　另一侧的定位器零件调用

➢ 定位器零件添加的效果如图 3.15-5 所示。通过两对定位器的设置，对动模座和定模座进行精定位。

➢ 将型芯固定板单独打开，选择型芯固定板的底面为草绘平面，用投影的方法投影公锁安装孔轮廓，获得圆心。如图 3.15-6 所示，选择草图的四个圆心作为孔的放置位置，类型为沉头孔，紧固件尺寸选 M8，终止方式为距离 50mm，其余默认。保存后进入"模具设计"界面，再次更新保存。后续对于零件的编辑、更新、保存及界面的切换不再详述。

图 3.15-5　定位器零件添加的效果

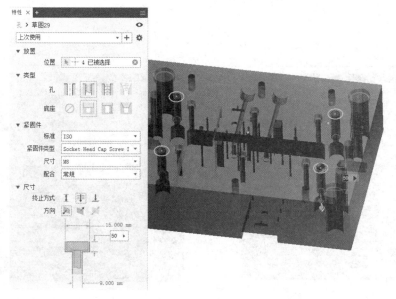

图 3.15-6　设置沉头孔

➢ 将公锁零件及型芯固定板隔离，调用 M8 的螺钉联接型芯固定板和公锁零件，如图 3.15-7 所示。

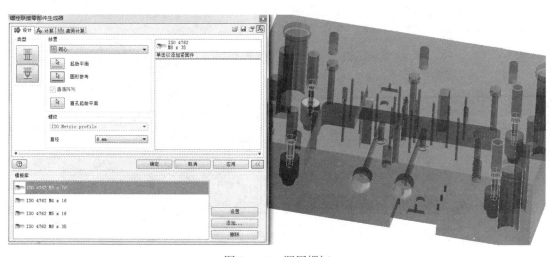

图 3.15-7　调用螺钉

➢ 将定位器中的母锁零件单独打
开，如图 3.15-8 所示。在其"模型"导
航器中，右击"旋转 2"重新编辑草图。

➢ 通过切片观察，可以看到母锁内
部孔的底部为锥形，不利于螺钉的安装，
如图 3.15-9 所示。将斜线构造，并添加
如图 3.15-10 所示的两段线，使孔底轮廓
线垂直，完成草图。保存后回到"模具
设计"界面，更新再保存。将第二对定
位器的母锁单独打开，用同样的方法修
改斜面，不再详述。

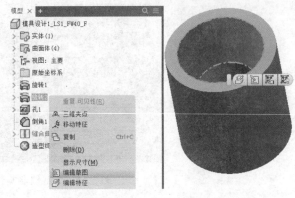

图 3.15-8　编辑母锁零件

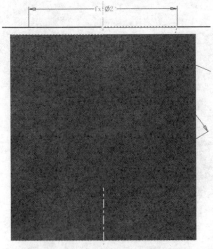

图 3.15-9　孔底部为锥形轮廓

图 3.15-10　孔底部为直角轮廓

➢ 将母锁零件及型腔固定板隔离，调用 M8 的螺钉联接型腔固定板和母锁零件，如
图 3.15-11 所示。

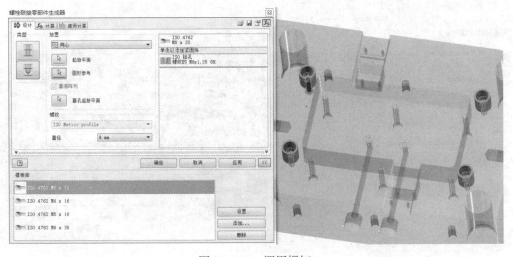

图 3.15-11　调用螺钉

3.16　锁模扣设计

锁模扣设计的操作步骤如下：

➤ 在"装配"主菜单下，单击"创建"图标，在出现的对话框中，新建部件名称为"锁模扣"，模板采用单位为 mm，选择模板的方法可参考"滑块机构中限位块的创建方法"，对话框中其余项目默认，如图 3.16-1 所示。

图 3.16-1　设置锁模扣

➤ 选择型腔固定板的侧面，作为边锁的放置面，进入"造型"界面，再次选择型腔固定板的侧面作为草绘平面，用"槽"命令绘制如图 3.16-2 所示的草图，直径为 25mm，圆心距为 40mm，水平方向定位尺寸为 100mm，高度方向的定位是槽的中心与参考点共线。

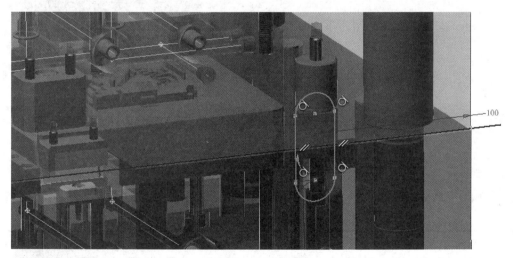

图 3.16-2　绘制草图

➤ 用"拉伸"命令完成特征建模，距离为 16mm，如图 3.16-3 所示，完成拉伸，对棱边轮廓倒边长为 1mm 的倒角，完成返回并保存。

➤ 在"装配"主菜单下，单击"阵列"图标，在出现的对话框中，零部件为锁模扣零件，选择"环形"选项，激活"轴向"按钮，选择装配导航器中的"Z 轴"为阵列旋转轴，阵列数目为 2，阵列夹角为 180°，如图 3.16-4 所示，完成另一侧的边锁阵列。

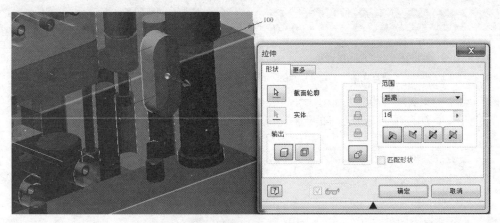

图 3.16-3　拉伸特征

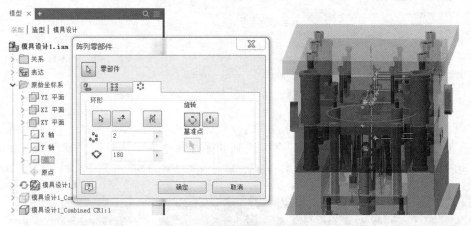

图 3.16-4　环形阵列

➤ 调用 M6 的螺钉联接锁模扣和型腔固定板，如图 3.16-5 所示。

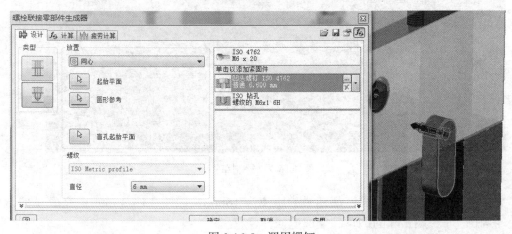

图 3.16-5　调用螺钉

➤ 调用 M6 的螺钉联接边锁和型芯固定板。继续调用同样的螺钉联接另一侧的边锁，完成锁模扣的设计，如图 3.16-6 所示。

图 3.16-6　另一侧螺钉的调用

3.17　复位杆弹簧的调用与相关结构设计

复位杆弹簧调用与相关结构设计的操作步骤如下：

➢ 通过测量，复位杆的直径为 20mm。本设计的顶针顶出距离为 25mm，预设弹簧的压缩比为 35%，得到弹簧的长度为 25mm/35%=71mm，选用的弹簧需要大于该长度。在"装配"主菜单中，单击"放置"图标下的三角形，选择"从资源中心装入"，如图 3.17-1 所示。

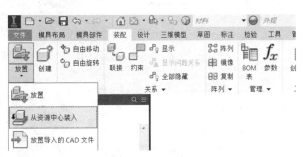

图 3.17-1　从资源中心装入

➢ 在出现的对话框中，展开类别视图中的"模具"选项，选择"配件"子项，在其展开的配件项中选择"矩形钢丝"，选择列表中的"324"型号，如图 3.17-2 所示。

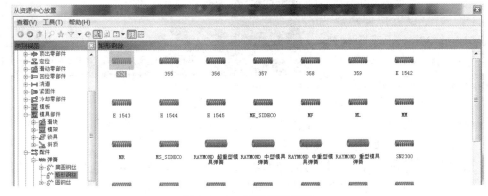

图 3.17-2　调用矩形钢丝

➤ 单击"324"型号的弹簧，在出现的对话框中，选择 D 为 50mm，如图 3.17-3 所示。从"表视图"选项中可知，弹簧的内径 D1 为 25 mm，大于复位杆直径；选弹簧长度 L 为 89mm，为了保证弹簧具备一定的复位功能，需要设置预压缩量，输入 L1 为 84mm，89mm−84mm=5mm，即 5mm

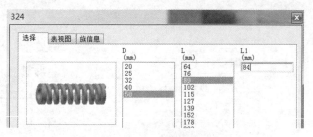

图 3.17-3　弹簧参数选择

的预压缩量。按照预压缩比为 35%，该弹簧的理论可压缩量为 89mm×35%=31.15mm，31.15mm−5mm=26.15mm，大于了顶针顶出距离，满足了压缩和复位的要求。

➤ 在模具设计的空间，任意空白位置放置两个弹簧，如图 3.17-4 所示。通过测量可知弹簧的高度为预压状态。

图 3.17-4　弹簧的预压

➤ 通过测量，顶针固定板的上表面与型芯固定板的下表面距离为 51mm。弹簧的高度为 84mm，需要对型芯固定板设计弹簧安装孔。将型芯固定板单独打开，将该板底部作为草绘平面，绘制四个直径为 47mm 的圆，用"拉伸"命令设置拉伸距离为 84mm−51mm=33mm，去除材料，形成盲孔，如图 3.17-5 所示。

图 3.17-5　拉伸求差

➤ 更新保存后，通过主菜单"装配"下的"约束"命令，对弹簧进行约束。在"放置约束"对话框中，采用默认状态，选择弹簧的底面与顶针固定板的上表平面配合约束，如图 3.17-6 所示。

➤ 在"装配"导航器中，找到该弹簧项目并展开原始坐标系，选择 Z 轴即弹簧的旋转中心轴，再选择复位杆的旋转中心轴，如图 3.17-7 所示，完成一个弹簧的装配。

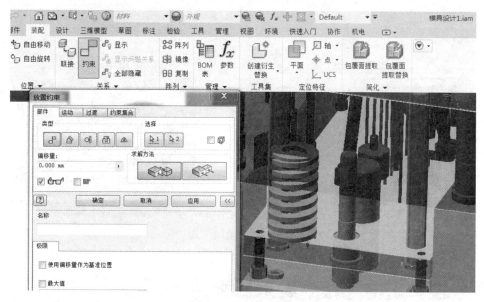

图 3.17-6 平面配合

图 3.17-7 中心线配合

➢ 另外一个弹簧的装配方法相同，不再详述。弹簧装配的效果如图 3.17-8 所示。

➢ 如图 3.17-9 所示，另一侧的两个弹簧，可以通过"装配"主菜单下的"镜像"或"阵列"命令，进行复制，方法可参考边锁的阵列，此处不再详述。

图 3.17-8 弹簧装配的效果

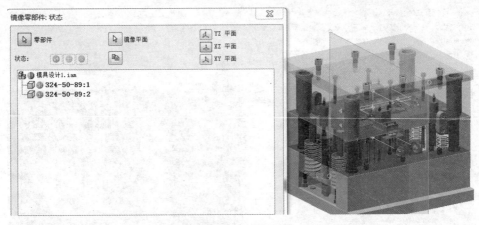

图 3.17-9　镜像弹簧

3.18　浇口套与定位圈调用及相关编辑

浇口套与定位圈调用及相关编辑的操作步骤如下：

➢ 在"模具部件"主菜单下，单击"浇口套"图标，在出现的对话框中，单击"类型"后选择"MISUMI"，在"分类"中选择"螺纹型"下方的"阶梯型"选项，然后选择"SBJNT"型号，如图 3.18-1 所示。

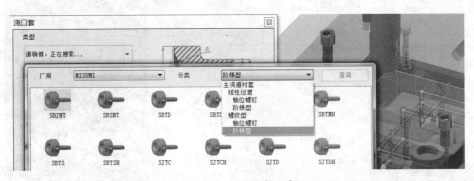

图 3.18-1　调用浇口套

➢ 如图 3.18-2 所示，在"浇口套"对话框中出现选择型号的相关参数，参数 D 选为 12mm（图中未显示），头部的高度 H 为 30mm（图中未显示），L 为 120mm，浇口套的长度需要超出分型面，超出部分将自动修剪，球头半径 SR 为 21mm，A 为 2°。单击"点"的按钮，选择分流道草图的中点，作为浇口套的放置位置，在偏移文本输入框中输入 −30，使浇口套向下移动 30mm，确定完成。需要注意的

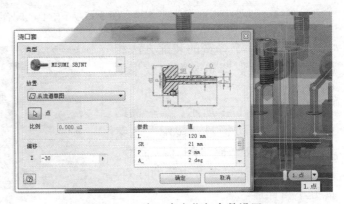

图 3.18-2　浇口套定位与参数设置

是，在实际生产过程当中，浇口套的相关参数需要依据注射机的注射嘴型号进行选择。

➢ 将型腔固定板与定模座板隐藏，发现浇口套与型腔镶件中的水路发生干涉，需要对水路的位置重新编辑，如图 3.18-3 所示。

➢ 在"模具设计"导航器中，展开"冷却和加热零部件"，找到与浇口套相干涉的水路，右击出现快捷菜单，选择"编辑特征"命令，如图 3.18-4 所示。

➢ 出现该水道的定位尺寸，单击定位尺寸，将 74mm 改成 84mm，如图 3.18-5 所示，对话框中保持默认，确定完成。

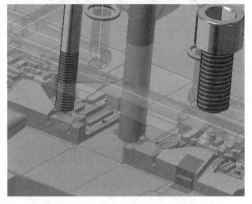

图 3.18-3　浇口套与水道干涉

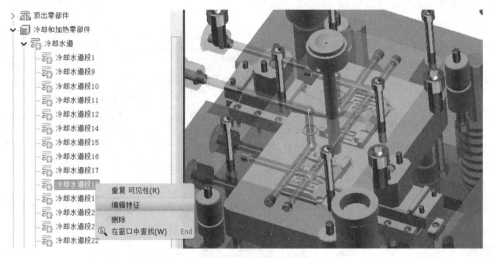

图 3.18-4　编辑水道

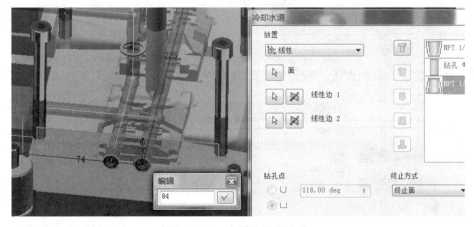

图 3.18-5　水道的重新定位

➢ 找到另外相连接的短水路，编辑长度尺寸为 84mm，确定完成，如图 3.18-6 所示。

➢ 接着找到另一侧的短水路，编辑长度尺寸为 84mm，确定完成，如图 3.18-7 所示。

图 3.18-6　水道的长度设置

图 3.18-7　另一侧水道的长度设置

➤ 由于水路的位置和长度重新编辑，可以看到界面上的"+"图标被激活，说明模具中存在设计的问题，如图 3.18-8 所示。

➤ 单击"+"图标，在出现的"设计医生"对话框中，列出了存在的问题，从问题中可以看出，螺塞的装配关系需要重新定义，如图 3.18-9 所示。

➤ 单击"下一步"按钮，问题的诊断描述为"针对不再可用的几何图元放置了关系"，如图 3.18-10 所示。这是因为水道位置和长度的变化导致的。

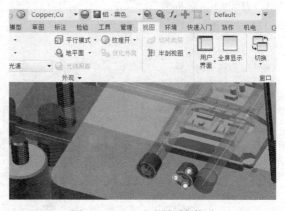

图 3.18-8　"+"图标被激活

图 3.18-9　设计医生的问题列表

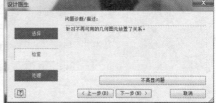

图 3.18-10　问题的诊断

➤ 继续单击"下一步"按钮，选择处理方法为"删除"，如图 3.18-11 所示。重新调用螺塞，使用装配约束的方法进行约束，此处不再叙说。

图 3.18-11　问题的处理

➢ 继续单击"＋"图标，将另外三个有问题的螺塞的装配关系分别重新调入装配，不再详述。在"装配"主菜单中，单击"放置"图标下的三角形，选择"从资源中心装入"。在出现的对话框中，展开类别视图中的"模具"选项，选择"定位"子项，在其展开的配件项中选择"定位销"，选择列表中的"501"型号，如图 3.18-12 所示。

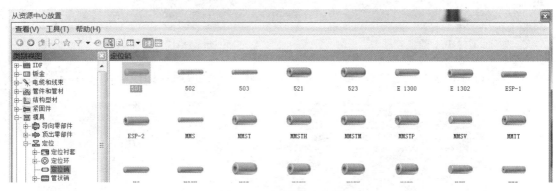

图 3.18-12　调用定位销

➢ 选择"501"型号后，在出现的对话框中，选择直径 D 为 4mm，长度 L 为 10mm，如图 3.18-13 所示，确定完成。

➢ 在模具设计的空间，任意空白位置放置一个定位销，然后通过"装配"主菜单下的"约束"命令，打开"放置约束"对话框，如图 3.18-14 所示。选择"插入"的装配类型，将定位销装配于浇口套的销孔中，装配效果如图 3.18-15 所示。

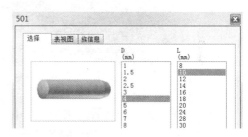

图 3.18-13　定位销参数设置

图 3.18-14　定位销的装配

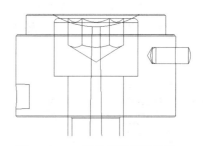

图 3.18-15　定位销装配的效果

➢ 将定模座板显示，双击该板使其单独激活，在定模座板的上表面绘制一个如图 3.18-16 所示的长方形草图，长方形的宽度为 4mm（与定位销的直径相同）。

➢ 用"拉伸"命令对草图拉伸一个距离为 12.5mm 的槽，求差，如图 3.18-17 所示。

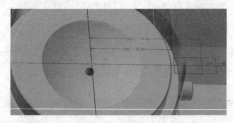

图 3.18-16　绘制草图

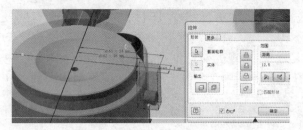

图 3.18-17　拉伸求差

➤ 对图 3.18-18 所示的棱边倒半径为 1mm 的圆角，完成后返回模具设计界面并保存。

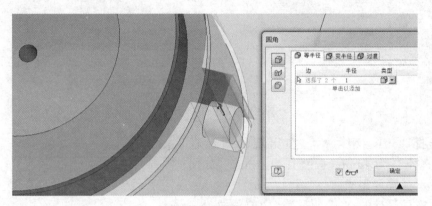

图 3.18-18　倒圆角

➤ 将浇口套单独打开，可以看到由于水道与浇口套发生干涉，相交的部分被自动求差，形成凹坑，找到"模型"导航器中的"灌注 2"删除即可，如图 3.18-19 所示。

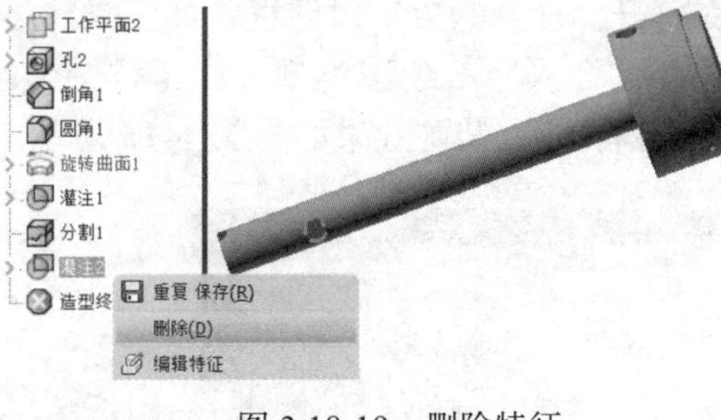

➤ 在"模具部件"主菜单下，单击"定位环"图标。在出现的对话框中，单击"类型"后选择"LKM"，在"分类"中选择默认，选择"LR"型号，如图 3.18-20 所示。

图 3.18-19　删除特征

➤ 在"定位环"对话框中，偏移文本输入框处输入 –5，使定位环压住浇口套台阶，如图 3.18-21 所示，其余默认。

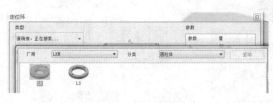

图 3.18-20　调用定位环

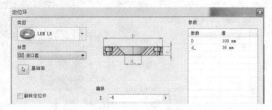

图 3.18-21　定位环的定位

➤ 调用 M6 的螺钉联接浇口套与定模座板，如图 3.18-22 所示，具体过程不再详述。

➤ 将动模座板单独打开，在图 3.18-23 所示的平面上绘制直径为 50mm 的圆，用"拉伸"命令求差贯穿，并对孔口倒边长为 2mm 的倒角，保存后返回"模具设计"界面。

图 3.18-22　调用螺钉

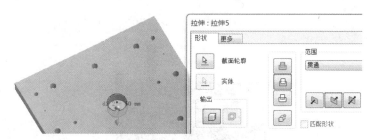

图 3.18-23　拉伸求差

➢ 更新并保存，最终的三维模具设计效果如图 3.18-24 所示。

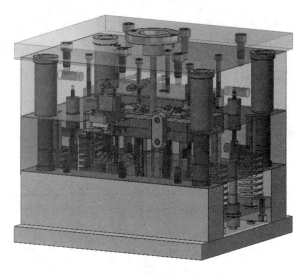

图 3.18-24　三维模具设计的效果

第4章
Inventor 模具工程出图

本章将对前面的三维模具进行工程出图。

4.1 模具总装配图

4.1.1 工程图模板与样式设置

工程图模板与样式设置的操作步骤如下：

➤ 打开三维模具设计图，先将动模隔离显示，如图 4.1-1 所示。

图 4.1-1 动模隔离显示

➤ 单击界面左上角的"新建"图标，在出现的对话框中，选择模板单位为"Metric"，选择"工程图 - 创建带有标注的文档"中的"ISO.idw"模板，单击"创建"按钮，如图 4.1-2 所示。

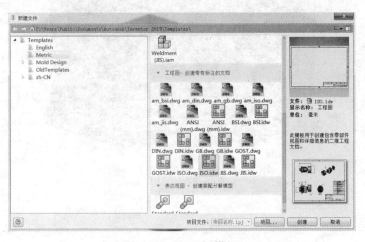

图 4.1-2 工程图模板

➢ 接着将进入工程图界面，在"模型"导航器中，选择"图纸：1"右击，在出现快捷菜单中，选择"编辑图纸"命令。在出现的"编辑图纸"对话框中，选择图纸大小为"A0"，如图4.1-3所示。具体过程可参考第2章。

➢ 在"管理"菜单中，单击"样式和标准编辑器"图标，出现"样式和标准编辑器"对话框。在对话框中，选择"尺寸"项下方的"默认（ISO）"，将"单位"标签下面的"小数标记（M）"改为"小数点"，"显示"下面的"尾随零"复选框中的钩号去除，将"角度显示"的"尾随零"复选框中的钩号去除，如图4.1-4所示。

图 4.1-3　编辑图纸

图 4.1-4　单位选项设置

➢ 选择"显示"标签，将"A：延伸（E）"中的3.18mm，改为1.5mm，将"C：间隙（G）"中0.76mm，改为0.5mm，其余默认，如图4.1-5所示。

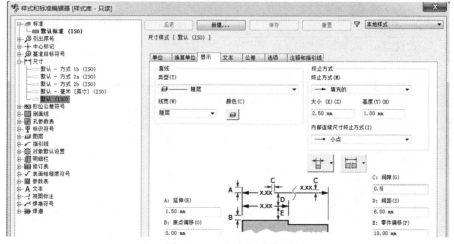

图 4.1-5　显示选项设置

➢ 选择"文本"标签，在大小文本框中输入"2.5"，如图 4.1-6 所示。标注带有偏差尺寸时，偏差字体小于基本尺寸字体。将半径尺寸标注的样式选为"水平"。

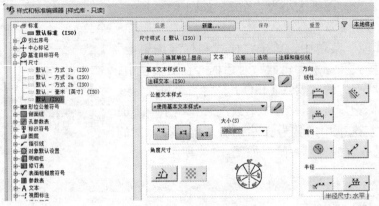

图 4.1-6　文本选项设置

➢ 选择"公差"标签，在其显示选项中，选择"无尾随零 - 无符号"，其余默认，如图 4.1-7 所示。

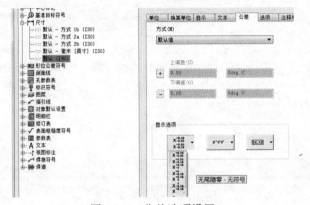

图 4.1-7　公差选项设置

➢ 选择"注释和指引线"标签，默认的指引线文本方向是"对齐"样式，可以通过更改"指引线文本方向"，选择"水平"样式，如图 4.1-8 所示。

图 4.1-8　注释和指引线选项设置

➢ 选择"图层"标签,在图层样式中分别选择"中心标记"与"中心线",将外观的颜色改为"红色",把线型改为"点划线",并把"剖切线"的线宽改为 0.50mm,如图 4.1-9 所示,单击"保存"按钮并关闭,完成设置。

图 4.1-9　图层设置

➢ 展开"指引线"项,选择"替代(ISO)"子项,将其终止方式改为"小点",如图 4.1-10 所示。

图 4.1-10　指引线样式设置

➢ 默认的标题栏并不符合实际的需要,需要重新自定义。此处不再详述。标题栏的尺寸与内容如图 4.1-11 所示。

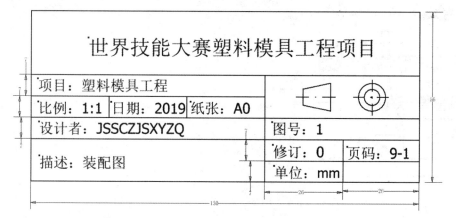

图 4.1-11　标题栏尺寸与内容

4.1.2 视图表达与编辑

视图表达与编辑的操作步骤如下：

➢ 在"放置视图"主菜单下选择"基础视图"，出现"工程视图"对话框。在对话框中，文件项显示"模具设计1.iam"文件，单击"样式"中"显示隐藏线"按钮，比例设为"1:1.5"，其余默认，通过"视角小方格"旋转视图，确定视图的摆放方位，如图 4.1-12 所示。

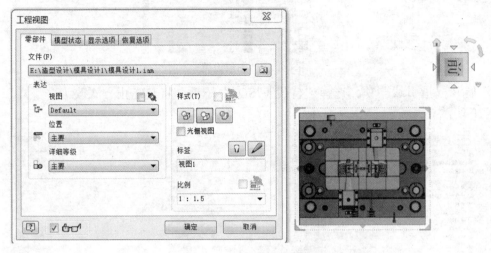

图 4.1-12　基础视图投影

➢ 基础视图将隔离部位以隐藏线样式显示，在基础视图上，在右击出现的快捷菜单中，选择"自动中心线"命令，如图 4.1-13 所示。

➢ 在出现的"自动中心线"对话框中，单击"旋转特征"与"视图中的对象、轴平行"按钮，如图 4.1-14 所示。

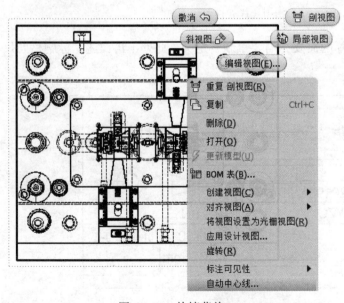

图 4.1-13　快捷菜单

图 4.1-14　自动中心线设置

➢ 基础视图中相关的特征将自动生成中心线，如图 4.1-15 所示。但螺钉与水道的中心线需要手动延伸，将鼠标指针移动到中心线时会出现两个端点，拖动端点移动到适当位置即可。

➢ 另外侧抽芯滑块中的复位弹簧安装孔，需要添加中心线，可以通过单击"标注"主菜单中的"对分中心线"图标，如图 4.1-16 所示，然后选择安装孔左右两侧的轮廓线，将生成中心线，如图 4.1-17 所示。

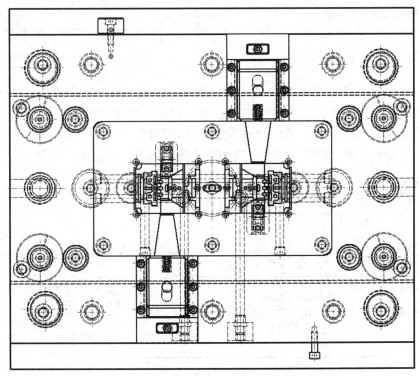

图 4.1-15　基础视图添加自动中心线的效果

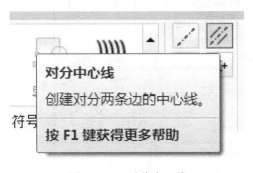

图 4.1-16　对分中心线

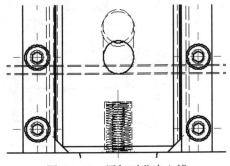

图 4.1-17　添加对分中心线

➢ 侧抽芯滑块中的斜导柱孔需要添加十字中心线，通过单击"中心标记"图标，如图 4.1-18 所示，然后选择圆轮廓，将生成十字中心线，如图 4.1-19 所示。

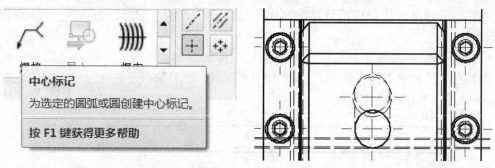

图 4.1-18　中心标记　　　　　图 4.1-19　添加中心标记

➤ 在"放置视图"主菜单中单击"剖视"图标，选择基础视图后，从视图的左侧，以吊环孔的中心线为参考，作为剖切起始位置，然后到限位柱转折向下，再经过型芯镶件与型芯固定板联接的螺钉，最后经过内定位和复位杆，如图 4.1-20 所示。然后在右击出现的快捷菜单中选择"继续"命令，得到完整的剖切线，如图 4.1-21 所示。

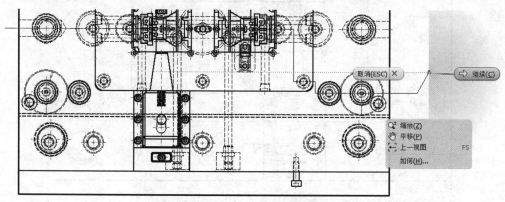

图 4.1-20　剖切基础视图

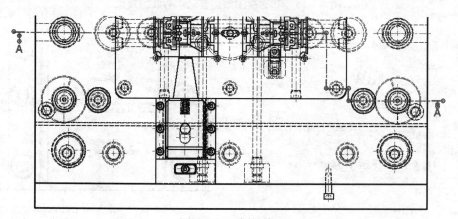

图 4.1-21　剖切线

➤ 在"剖视图"对话框中，方式选为"投影视图"，单击"样式"中的"不显示隐藏线"按钮，将出现的剖视图移动到基础视图上方，单击确定放置位置，如图 4.1-22 所示。

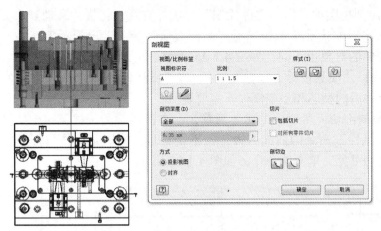

图 4.1-22　剖视图设置

➢ 双击 A-A 剖视图，在出现的"工程视图"对话框中，视图的表达选择"主要"，其余默认，如图 4.1-23 所示。

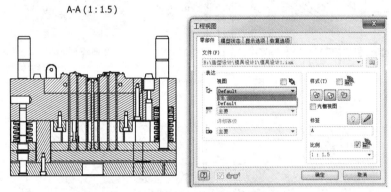

图 4.1-23　工程视图设置

➢ 在"显示选项"中，将"螺纹特征"激活，如图 4.1-24 所示，确定完成。

➢ 在模具设计过程中，毛坯分模后，获得型芯和型腔零件并进行了阵列与合并，获得一模两腔的布局，但定义的毛坯还是作为单个实体存在，分模后的型芯和型腔零件同样作为实体存在，只是合并后隐藏不显示。在剖视图中，将视图的表达从"Default"选为"主要"时，所有隐藏的实体都被剖切显示，如图 4.1-25 所示，所以在同一部位有多个零件实体被剖切，出现剖切面重叠。

图 4.1-24　显示选项设置

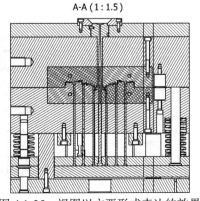

图 4.1-25　视图以主要形式表达的效果

➢ 在 A-A 剖视图中，以"零件优先"为选择方式，将指针移动到重叠剖面的外轮廓线上，在右击出现的快捷菜单中选择"选择其他"命令，出现对象列表，指针所处位置的不同，列表中的对象也不同，如图 4.1-26 所示。在列表中可以查看到"模具设计 1_零件 1_CV_Base:1""模具设计 1 零件 WP:1"与"模具设计 1_CV_1:1"等实体被剖切，需要隐藏，而合并后的型芯和型腔镶件不需要隐藏。

➢ 将重叠的剖切面所对应的实体隐藏，在右击出现的快捷菜单中选择"可见性"命令，此时"可见性"命令的前面为方格，不是钩号，原因是实体特征是隐藏的，需要将该对象转为剖切可见，单击该命令，如图 4.1-27 所示。

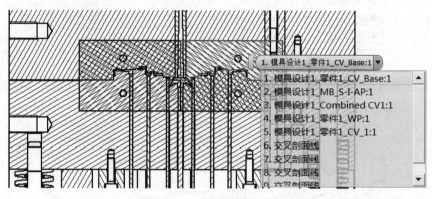

图 4.1-26　零件的选择方式

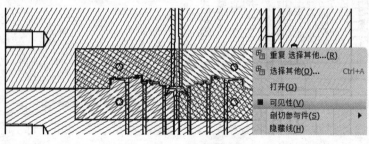

图 4.1-27　可见性选择

➢ 继续选择该对象，可能出现选择不到或选择到了其他的对象，移动指针到不同位置点，直至该对象被选择再右击，此时的"可见性"命令前面为钩号，单击该命令，零件将被隐藏，如图 4.1-28 所示。

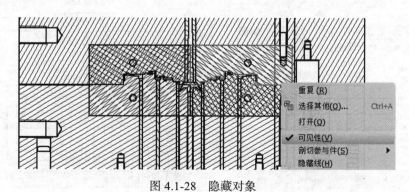

图 4.1-28　隐藏对象

➢ 重复以上过程，将不需要的实体隐藏。该过程较繁琐，需要多次操作。最后将指针移动到型芯与型腔之间的平直接触面，在右击出现的快捷菜单中选择"选择其他"命令，出现对象列表。该列表中最终只显示合并后的型芯和型腔镶件零件，其余的零件实体都被隐藏，如图 4.1-29 所示。另外，分流道的特征也需要隐藏。

➢ 选择视图中的顶出导套后，右击后选择"剖切参与件"为"截面"，使其被剖切，如图 4.1-30 所示。另外，内定位的公锁和母锁零件用同样的方法进行剖切。

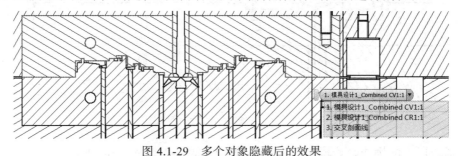

图 4.1-29　多个对象隐藏后的效果

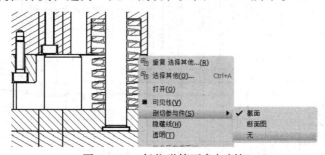

图 4.1-30　顶出导套参与剖切

➢ 对剖切的复位弹簧，选为"无"剖切，如图 4.1-31 所示。

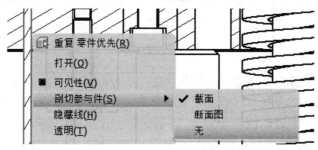

图 4.1-31　复位弹簧不参与剖切

➢ 用同样的方法对多个顶针进行无剖切设置，如图 4.1-32 所示。

图 4.1-32　顶针不参与剖切

195

➢ 对基础视图剖切时，为了表达视图，多处需要转折剖切。对应的 A-A 剖视图中，转折的位置将以竖直线显示，需要将其隐藏，如图 4.1-33 所示。在"选择边优先"模式下，选择要隐藏的线段，右击后选择"可见性"命令，使其隐藏，其余零件上的剖切线段隐藏的方法相同。

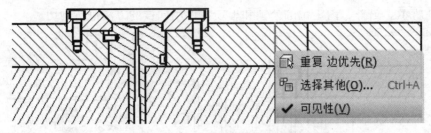

图 4.1-33　隐藏剖切的转折投影线

➢ 通过以上的操作，线段隐藏后 A-A 视图效果，如图 4.1-34 所示。

A-A (1 : 1.5)

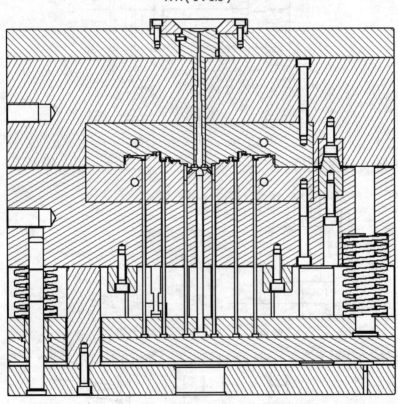

图 4.1-34　隐藏多个对象后的效果

　　➢ 调整各个零件剖面线的间距，双击定模座板中剖面线，在"编辑剖面线图案"对话框中，输入比例为 2，如图 4.1-35 所示。其余零件的剖面线，读者自行修改，不再详述。
　　➢ 在视图当中，流道系统和型腔添加网格线，在添加之前需要将型腔中多余的线段隐藏。线段隐藏后的效果如图 4.1-36 所示。

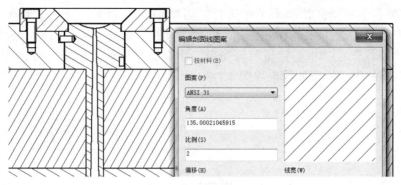

图 4.1-35　剖面线设置

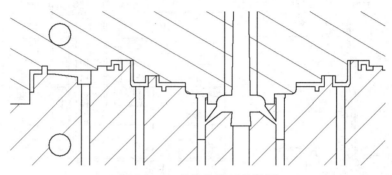

图 4.1-36　线段隐藏后的效果

➢ 在"放置视图"主菜单中单击"开始创建草图"图标，选择 A-A 剖视图，进入草图界面。通过"投影几何图元"命令，选择图 4.1-37 所示的腔体左侧部分，获得投影轮廓。然后单击"用剖面线填充区域"图标，选择投影的轮廓区域，在"剖面线"对话框中，比例设为 0.5，激活交叉复选框。

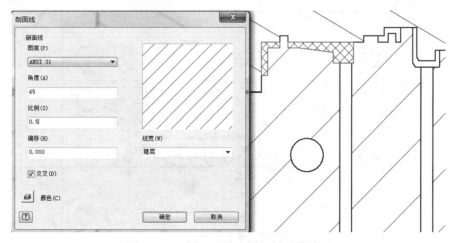

图 4.1-37　剖面区域选择与剖面线设置

➢ 用同样的方法对流道内部及型腔其他形成的区域进行网格填充。在利用投影命令时，有些线段不能作为填充轮廓使用，需要用直线连接，因为填充区域形成的轮廓线要首尾相连，否则不能填充。最终的网格填充效果如图 4.1-38 所示。

➢ 接着在右击出现的快捷菜单中选择"自动中心"命令，自动添加 A-A 剖视图中相关特征的中心线。选择可能出现多余的或不符合的中心线后，用 <Del> 键删除。另外，选择"对分中心线"或"中心标记"等命令，手动添加其他特征中心线，并对中心线长度的调整，最终的中心线添加效果如图 4.1-39 所示。

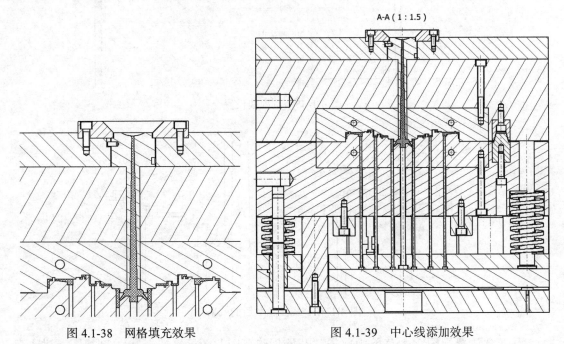

图 4.1-38　网格填充效果　　　　　　　　图 4.1-39　中心线添加效果

➢ 由于 A-A 剖视图，不能完全表达模具的装配结构，需要增加其他剖视图进一步表达。继续对基础视图进行剖切，剖切线经过导柱、斜顶机构、密封圈与抽芯结构，具体的剖切路径如图 4.1-40 所示。

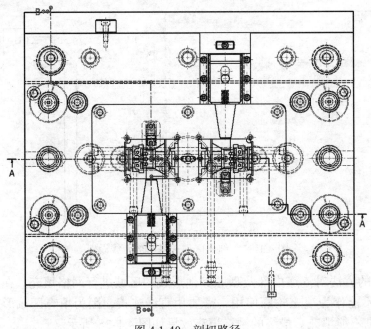

图 4.1-40　剖切路径

➤ 在基础视图右侧放置 B-B 剖视图，在"剖视图"对话框中的设置与 A-A 剖视图的设置相同，如图 4.1-41 所示。

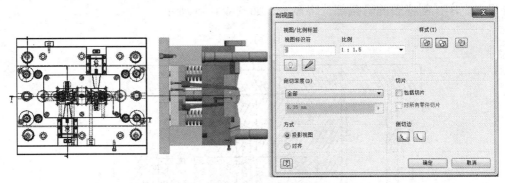

图 4.1-41　B-B 剖视图设置

➤ 选择 B-B 剖视图，在右击出现的快捷菜单中选择"旋转"命令，如图 4.1-42 所示。

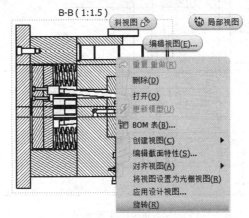

图 4.1-42　快捷菜单

➤ 在出现的"旋转视图"对话框，单击"逆时针"按钮图标，其余默认，再选择动模座板的竖直轮廓线，如图 4.1-43 所示。B-B 剖视图将逆时针旋转，旋转视图后的效果如图 4.1-44 所示。

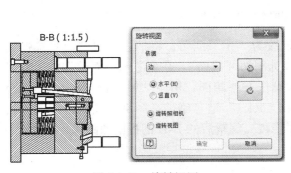

图 4.1-43　旋转视图

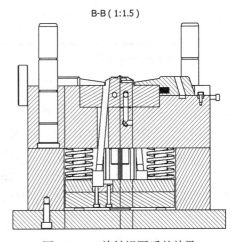

图 4.1-44　旋转视图后的效果

➢ 双击 B-B 剖视图，在出现的"工程视图"对话框中，视图表达选择"主要"，在"显示选项"中，将"螺纹特征"激活，其余默认。操作过程不再详述，方法参照 A-A 剖视图设置。B-B 剖视图的隐藏部分将显示，如图 4.1-45 所示。

B-B（1:1.5）

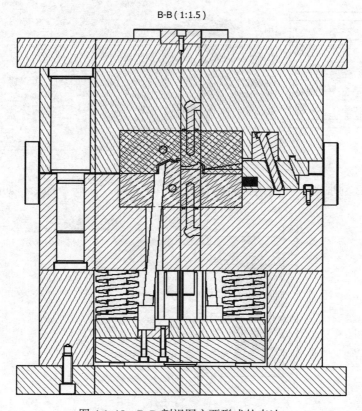

图 4.1-45   B-B 剖视图主要形式的表达

➢ B-B 剖视图中，定位圈和螺钉被局部剖切到，由于 A-A 剖视图已表达清楚，为了使工程图美观，将定位圈改为"无"剖切，将螺钉不显示，如图 4.1-46 所示。

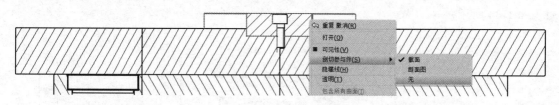

图 4.1-46   定位圈不参与剖切

➢ 将导套改为剖切"截面"，将斜导柱改为"无"剖切，将抽芯滑块中的复位弹簧改为"无"剖切，将斜顶机构中的管接头改为剖切"截面"。在型芯和型腔镶件中，对多余的实体特征隐藏，方法与 A-A 剖视图的操作方法相同，留下"模具设计 1_Combined CV1:1"型腔镶件与"模具设计 1_Combined CR1:1"型芯镶件。因剖切线转折形成的投影线段需要逐条隐藏，包括水道特征也需要隐藏。编辑后的 B-B 剖视图如图 4.1-47 所示。

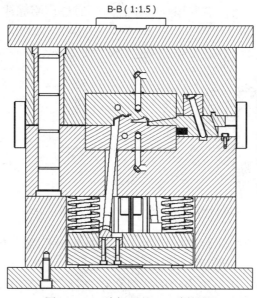

图 4.1-47　编辑后的 B-B 剖视图

➤ 在成型的型腔中，将相关线段隐藏后，可以看到型腔外轮廓的部分线段也被隐藏了，导致型腔外轮廓没有封闭，不能填充网格线，如图 4.1-48 所示。

➤ 在"放置视图"主菜单中单击"开始创建草图"图标，选择 B-B 剖视图，进入草图界面，通过"线"命令补全轮廓，如图 4.1-49 所示。补充的线段宽度比较细，需要改变其特性，将宽度改为 0.5mm。

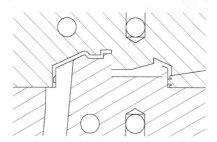

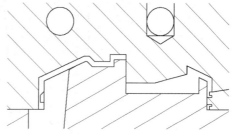

图 4.1-48　B-B 剖视图中型腔线段隐藏的效果　　　　图 4.1-49　补全轮廓

➤ 接着使用"投影几何图元"命令，完成首尾相连的封闭轮廓，如图 4.1-50 所示。使用"剖面线填充面域"命令，对封闭轮廓填充网格线，参数的设置与 A-A 剖视图相同。B-B 剖视图中的型腔填充效果，如图 4.1-51 所示。

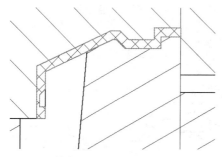

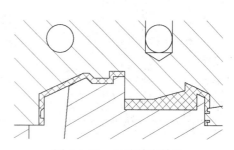

图 4.1-50　封闭轮廓　　　　　　　　　图 4.1-51　型腔填充效果

➢ 另外由于水道被剖断，需要添加线段封闭，通过草绘完成，如图 4.1-52 所示，线段的宽度默认。

➢ 对密封圈的填充，使用交叉形式，比例设为 0.1mm，如图 4.1-53 所示。

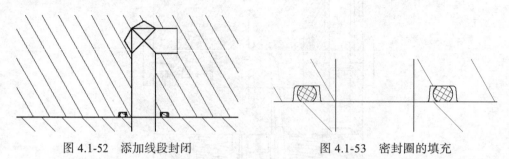

图 4.1-52　添加线段封闭　　　　　　　　图 4.1-53　密封圈的填充

➢ 对各个零件的剖切线间距进行比例调整，添加中心线，方法与 A-A 剖视图相同。添加中心线的效果如图 4.1-54 所示。

➢ 选择 B-B 剖视图，在右击出现的快捷菜单选择"对齐视图"命令，单击"水平"子项后，选择 A-A 剖视图，使 B-B 视图与 A-A 视图水平对齐，如图 4.1-55 所示。

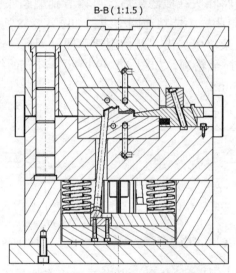

图 4.1-54　添加中心线的效果

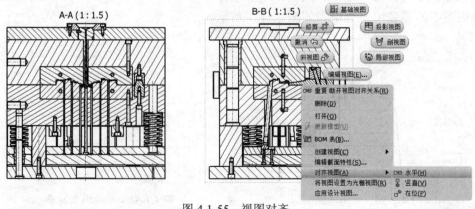

图 4.1-55　视图对齐

➢ 回到"模具设计"窗口，如图 4.1-56 所示。当前显示的是动模座部分，在"选择零件优先"模式下将动模座部分全部框选，在右击出现的快捷菜单中选择"撤销隔离"命令，隐藏的部分将全部显示。

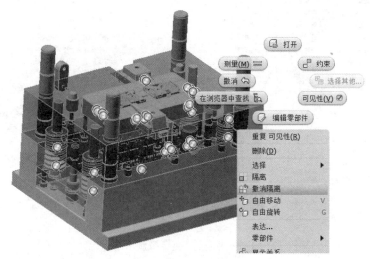

图 4.1-56　撤销隔离

➢ 如图 4.1-57 所示，为了将定模部分全选中，动模部分不被选中，需要将选择方式改为"反向选择"模式。

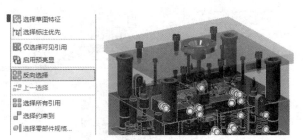

图 4.1-57　反向选择

➢ 此时定模部分全被选中，在右击出现的快捷菜单中选择"隔离"命令，动模部分将隐藏，如图 4.1-58 所示。

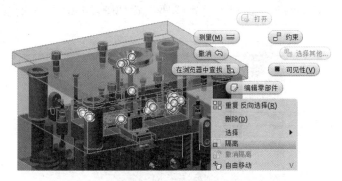

图 4.1-58　定模隔离

➢ 隔离显示后，定模与锁模扣显示的效果如图 4.1-59 所示。但边锁可能不显示，需要在"装配"导航器中找到其"零部件"阵列项，将其中一个边锁显示，要注意需要显示哪一侧的边锁，区别于动模座显示的边锁。

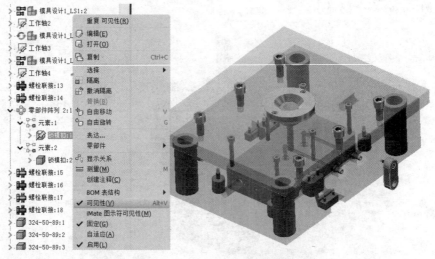

图 4.1-59　定模与锁模扣显示的效果

➢ 回到"工程图"窗口，创建第二个基础视图即定模座视图。在"工程视图"对话框中的设置与前面第一个基础视图相同，但视角需要重新调整。在视角小方格上右击，在出现快捷菜单中选择"自定义视图方向"命令，如图 4.1-60 所示。

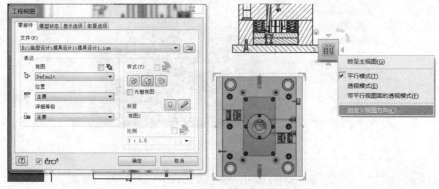

图 4.1-60　快捷菜单

➢ 切换到"自定义视图"窗口，将定模座放置如图 4.1-61 所示的视角，完成定义。

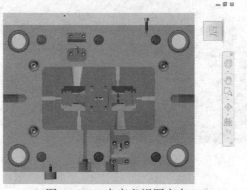

图 4.1-61　自定义视图方向

➢ 在"工程视图"对话框中的相关设置与前面相同。将定模座视图与第一基础视图即动模座视图水平对齐，如图 4.1-62 所示，两个基础视图表达的是上模部分和下模部分打开的状态。

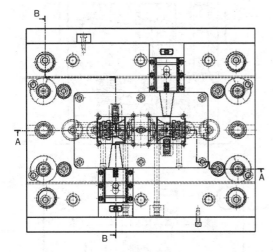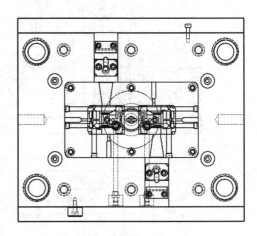

图 4.1-62　对齐视图

➢ 添加中心线并编辑，其效果如图 4.1-63 所示。

➢ 要注意型腔镶件在模具设计窗口中为透明状态时，其工程视图的内部结构为实线，需要将型腔镶件改为不透明。透明设置如图 4.1-64 所示。

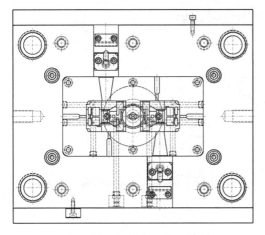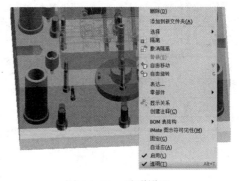

图 4.1-63　添加中心线的效果　　　　　图 4.1-64　透明设置

➢ 从四个视图当中可以看到，水嘴、螺塞、动模座中联接用的长螺钉，定模座中联接用的螺钉，顶针固定板与顶针垫板相联接的螺钉都是以虚线显示的，如图 4.1-65 所示，可以通过局部剖切表达。

➢ 在创建局部剖视图时，先在"放置视图"主菜单中单击"开始创建草图"图标，再单击第一个基础视图即动模座视图，进入草图界面，绘制一个圆将水嘴零件包住，如图 4.1-66 所示。

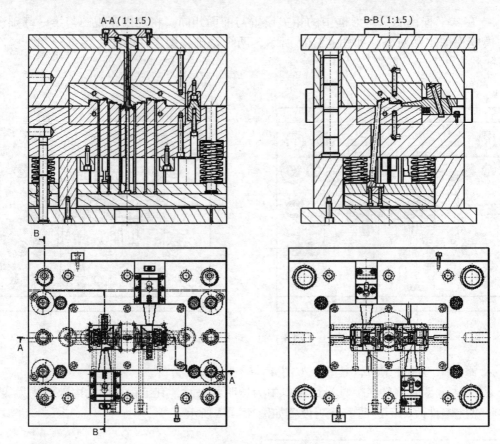

图 4.1-65　多个零件以虚线轮廓表达

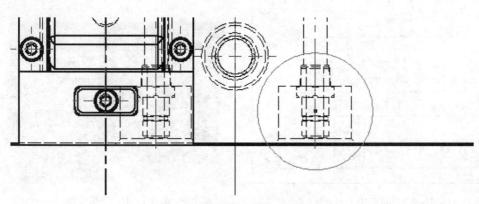

图 4.1-66　绘制将水嘴零件包住的圆

➤ 完成草图后，在"放置视图"主菜单下单击"局部剖视图"图标，继续选择第一基础视图，绘制的圆自动被激活，同时出现"局部剖视图"对话框。在对话框中剖切的深度默认为"自点"，如图 4.1-67 所示，选择轮廓线的中点，作为对水嘴的剖切参考点。后续的草图可以用其他命令绘制，草图一定要封闭。水嘴剖切的效果如图 4.1-68 所示。

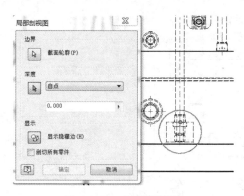

图 4.1-67　局部剖视图

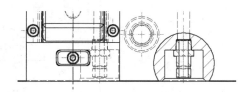

图 4.1-68　水嘴剖切的效果

➤ 虽然水嘴被剖切，但还是存在虚线。选择被剖切的水嘴，在右击出现的快捷菜单中选择"隐藏线"命令，使其不显示虚线，如图 4.1-69 所示。

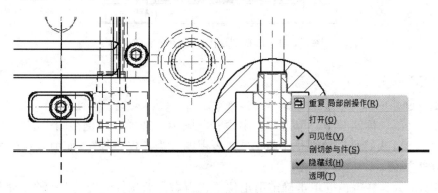

图 4.1-69　零件的隐藏线快捷菜单

➤ 用同样的方法将螺塞进行局部剖视。零件隐藏虚线的效果如图 4.1-70 所示。

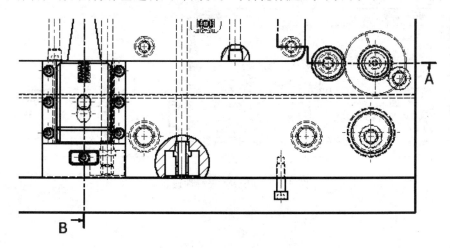

图 4.1-70　零件隐藏虚线的效果

➤ 双击 B-B 剖视图以隐藏线显示，然后对图中三处的螺钉进行局部剖视，如图 4.1-71 所示。当剖视完成后，再将视图恢复不显示隐藏线状态，并添加中心线。

B-B (1:1.5)

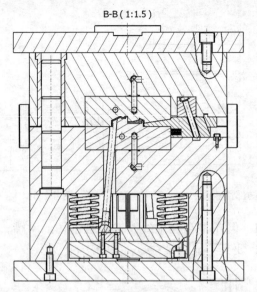

图 4.1-71　B-B 剖视图三处的局部剖视

4.1.3　BOM 表的创建

BOM 表创建的操作步骤如下：

➢ 在主菜单"标注"中，单击"引出序号"图标，选择 A-A 剖视图中的定位圈零件，在出现的"BOM 表特性"对话框中将 BOM 表视图改为"仅零件"，如图 4.1-72 所示，并启用 BOM 表视图。

➢ 移动指针，在空白处单击确定引出位置，再右击后选择"继续"命令，如图 4.1-73 所示，引出序号为 57。零件是按设计顺序自动编排的序号，后续需要重新编辑序号。另外，指引线的箭头位于定位圈轮廓线上，需要进一步调整。

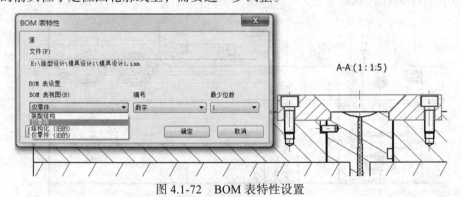

图 4.1-72　BOM 表特性设置

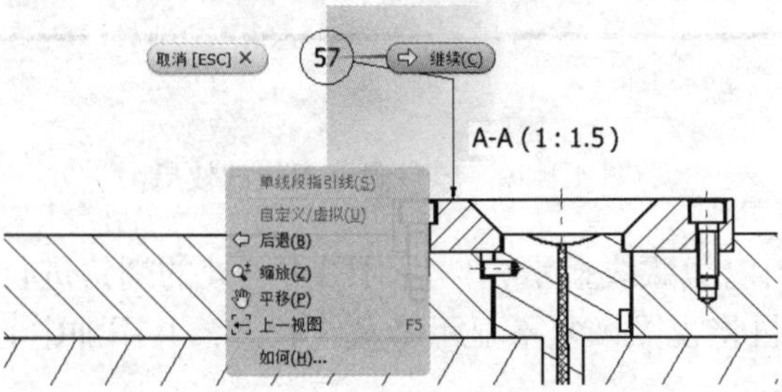

图 4.1-73　确定序号的引出位置

➢ 选择引出线箭头并拖动至定位圈剖面中，如图 4.1-74 所示，指引线箭头将变成小点。

➢ 将防转销、浇口套、螺钉等零件引出，方法同上，不再详述。引出的序号尽量水平对齐，如图 4.1-75 所示。

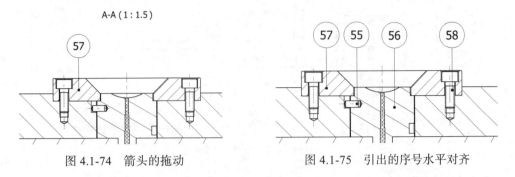

图 4.1-74　箭头的拖动　　　　　图 4.1-75　引出的序号水平对齐

➢ 对 A-A 剖视图的其他零件进行序号引出，效果如图 4.1-76 所示。从图 4.1-76 中可以看到，序号需要重新排序。

➢ 双击序号 58，出现"编辑引出序号"对话框，将对话框中序号 58 改为 1，如图 4.1-77 所示。

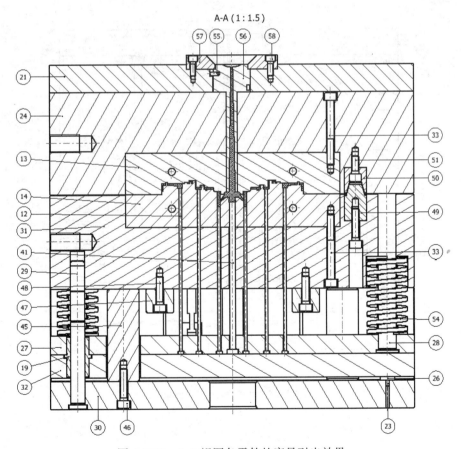

图 4.1-76　A-A 视图各零件的序号引出效果

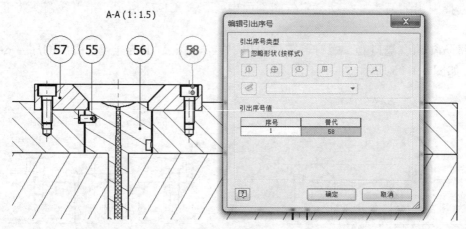

图 4.1-77　编辑引出序号

> 再逆时针按照从小到大的顺序，对各个零件重新编排序号，如图 4.1-78 所示。
> 用同样的方法对 B-B 剖视图进行序号引出，并编排序号，如图 4.1-79 所示。

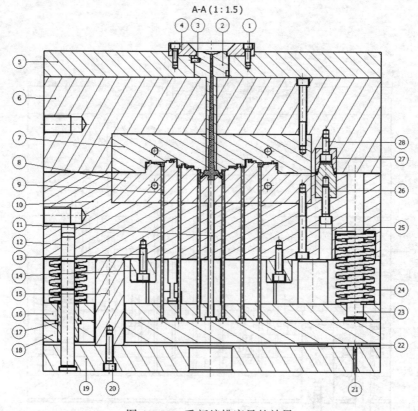

图 4.1-78　重新编排序号的效果

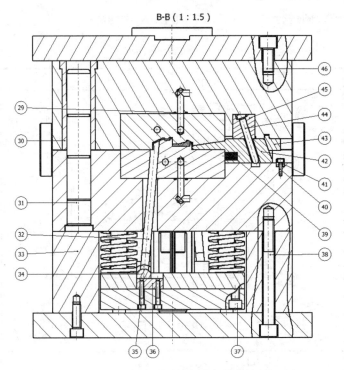

图 4.1-79　B-B 视图编排序号的效果

> 对第一个基础视图进行序号引出，如图 4.1-80 所示。

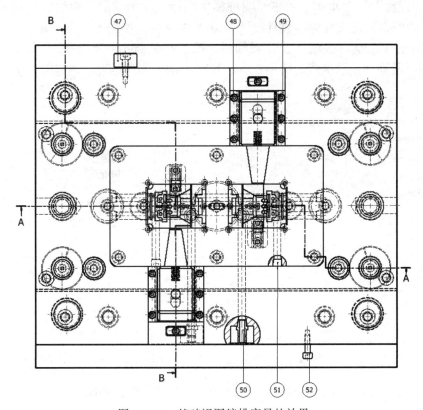

图 4.1-80　基础视图编排序号的效果

➤ 对第二基础视图进行序号引出，如图 4.1-81 所示。

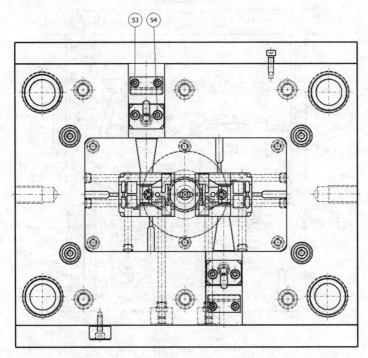

图 4.1-81　其他基础视图编排序号的效果

➤ 在"标注"主菜单中，单击"明细栏"图标。在出现的"明细栏"对话框中，选择"A-A"视图，浏览文件为"模具设计 1"，其余默认，如图 4.1-82 所示。

➤ 移动指针在空白区域，放置明细栏，明细栏的部分内容如图 4.1-83 所示。从图 4.1-83 中可以看到，系统生成的明细栏中，序号未按照顺序排列，内容需要重新编辑。

明细栏			
序号	数量	零件代号	描述
1	2	模具设计1_零件1_WP	
2	2	模具设计1_零件1_IN1_1_1	
3	2	GGR5SC10-15-60_L	导轨
44	2	AAPZ8-60-N2	斜导柱 经济型
42	2	SSLFK5MY-A40-T30-L60-D10-E30-G18-F50-K20	带斜导柱孔滑块
6	2	GGR5SC10-15-60_R	导轨
43	2	LLBCS20-15-A38-G20	楔紧块
45	2	AAPRWS10-30-A18	Re ainers or An ular Pin
36	2	ULG 1001	联接器导滑座
34	2	"ULC 1001"	Couplin
32	2	"ULB 1001"	Fla Core Bla e
9	14	AH 3 -250	多种
7	1	模具设计1_Combine CV1	
8	1	模具设计1_Combine CR1	
15	1	模具设计1_RG	

图 4.1-82　添加明细栏　　　　　　　图 4.1-83　明细栏的部分内容

➤ 双击明细栏后出现模具设计 1 的明细栏列表对话框，如图 4.1-84 所示，可通过该对话框编辑明细栏中的相关内容。

图 4.1-84　明细栏的编辑

➤ 单击对话框中的"过滤器设置"按钮，出现"过滤器设置"对话框。在对话框中，展开选项选择"仅带引出序号的零部件"，"钩号"按钮被激活，单击该按钮，如图 4.1-85 所示，确定完成。

➤ 在明细栏列表对话框中，将只对有引出序号零件保留，如图 4.1-86 所示，接着单击"排序"按钮。

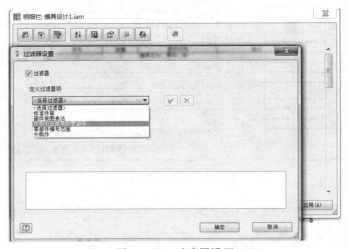

图 4.1-85　过滤器设置

图 4.1-86　保留有引出序号的零件明细

➢ 在"对明细栏排序"对话框中，展开第一关键字，选择"序号"，如图4.1-87所示，确定完成。排序的效果如图4.1-88所示。

➢ 接着在明细栏列表对话框中，逐个对"零件代号"与"描述"项的内容进行编辑，如图4.1-89所示。自定义的零件代号采用长、宽、高或直径与高度的表达方法。由于零件较多，读者可查看图4.1-93所示模具装配工程图的明细栏进行对照修改。

图4.1-87　明细栏排序

		序号	数量	零件代号	描述
		1	2	ISO 4762 - M6 x 16	内六角圆柱头螺钉
		2	1	SBJNT12-30-120-SR21-P2-A2-V11.9-G3	SPRUE BUSHINGS-OLD JIS B TYPE一
		3	1	501-4-10	Dowel Pin
		4	1	LR-100-36	Locating Ring
		5	1	自定义的S-I-TCP-400x350x3024 0	Top Clamping Plate
		6	1	自定义S-I-AP-400x300x70	Cavity Plate
		7	1	模具设计1_Combined CV1	
		8	1	模具设计1_Combined CR1	
		9	14	AH 3 -250	*多种*
		10	1	自定义S-BP-400x300x60	Core Plate
		11	1	AH 6 -250	Ejector pins-hardened
		12	2	ECO-2(Ejector Guide Pin)-16x160	Straight guide pillar
		13	2	ISO 4762 - M8 x 30	内六角圆柱头螺钉
		14	1	限位柱	
		15	1	支撑柱	
		16	1	自定义S-ERP-400x180x20	Ejector Retainer Plate

明细栏：模具设计1.iam

图4.1-88　排序的效果

		序号		零件代号	描述
		1	2	ISO 4762 - M6 x 16	内六角圆柱头螺钉
		2	1	SBJNT12-30-120-SR21-P2-A2-V11.9-G3	浇口套
		3	1	501-4-10	防转销钉
		4	1	LR-100-36	定位圈
		5	1	S-I-TCP-400x350x30x240	定模座板
		6	1	S-I-AP-400x300x70	型腔固定板
		7	1	CV1-130x235x45	型腔镶件
		8	1	CR1-130x235x35	型芯镶件
		9	14	AH 3 -250	顶针
		10	1	S-BP-400x300x60	型芯固定板
		11	1	AH 6 -250	顶针
		12	2	ECO-2(Ejector Guide Pin)-16x160	顶针板导柱
		13	2	ISO 4762 - M8 x 30	内六角圆柱头螺钉
		14	1	30x26	限位柱
		15	1	35x100	支撑柱
		16	1	S-ERP-400x180x20	顶针固定板

明细栏：模具设计1.iam　表布局

图4.1-89　明细栏内容的编辑

➢ 单击明细栏列表对话框中的"表布局"按钮，出现"明细栏布局"对话框，如图 4.1-90 所示。在对话框中，将表头选为"仰视图"，方向选为"在顶部添加新零件"，其余默认，确定完成。

➢ 将明细栏移动到标题栏上方附近，明细栏相关的特征点将自动捕捉到标题栏上，如图 4.1-91 所示。通过手动移动标题栏中各列单元格的边线，使明细栏的长度与标题栏长度尽量一致。

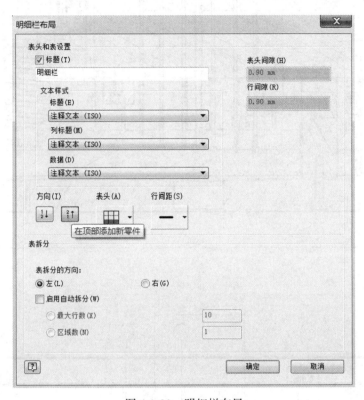

图 4.1-90　明细栏布局

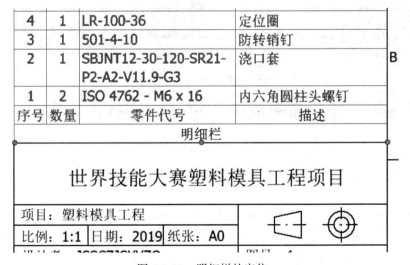

4	1	LR-100-36	定位圈	B
3	1	501-4-10	防转销钉	
2	1	SBJNT12-30-120-SR21-P2-A2-V11.9-G3	浇口套	
1	2	ISO 4762 - M6 x 16	内六角圆柱头螺钉	
序号	数量	零件代号	描述	

明细栏

世界技能大赛塑料模具工程项目

项目：塑料模具工程		
比例：1:1	日期：2019	纸张：A0

图 4.1-91　明细栏的定位

4.1.4　尺寸标注

尺寸标注的操作步骤如下：

➢ 对 A-A 剖视图和基础视图 1，标注模具外形尺寸，表达模具的长、宽、高，如图 4.1-92 所示，并标注动模部分产品中心尺寸。在"标注"主菜单中，单击"尺寸"命令完成。

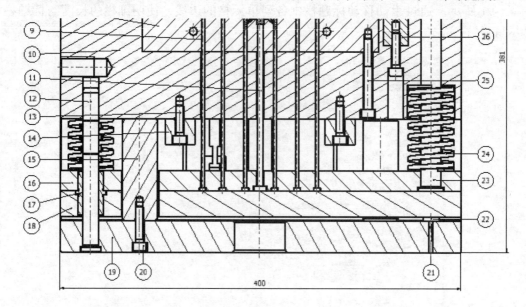

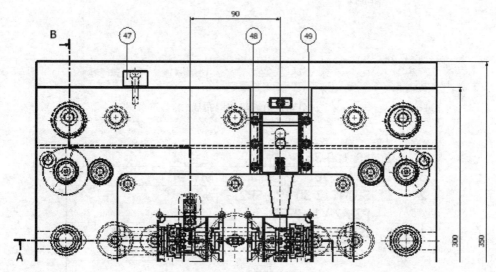

图 4.1-92　尺寸的标注

➢ 在"放置视图"主菜单中，单击"基础视图"图标，在图纸空白区域放置定模的轴测图，显示方式为"着色"，然后在"模具设计"窗口通过反向选择，将动模隔离显示，在"总装配图"窗口添加动模轴侧图。具体方法参考基础视图 1 和基础视图 2 的操作，也可添加塑件轴侧图。另外，在装配图的下方通过"标注"主菜单中"文本"命令，添加技术要求。最终得到的模具装配工程图如图 4.1-93 所示。

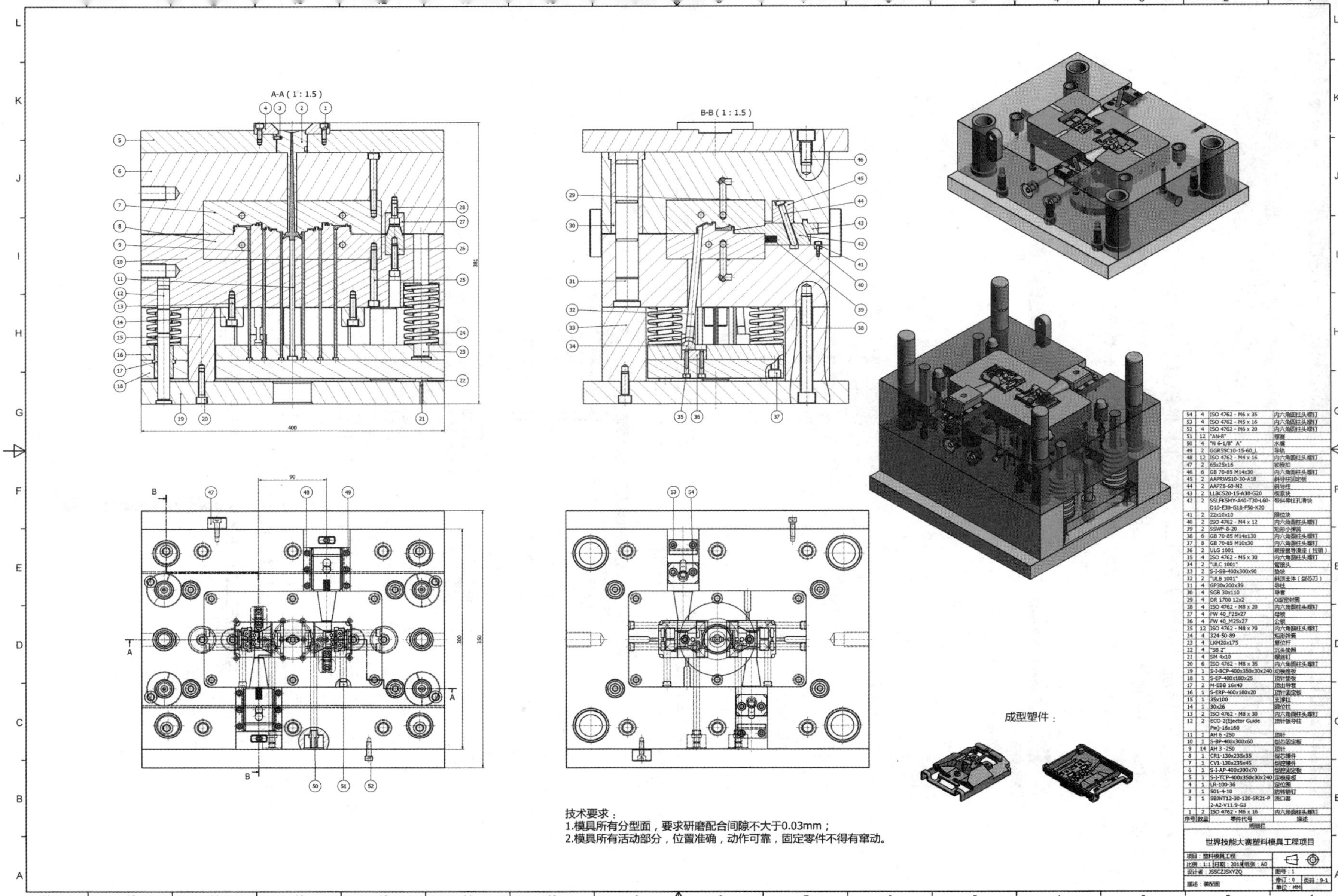
A-A（1∶1.5）
B-B（1∶1.5）
成型塑件：
技术要求：
1.模具所有分型面，要求研磨配合间隙不大于0.03mm；
2.模具所有活动部分，位置准确，动作可靠，固定零件不得有窜动。

序号	数量	零件代号	描述
54	4	ISO 4762 - M6 x 35	内六角圆柱头螺钉
53	4	ISO 4762 - M5 x 16	内六角圆柱头螺钉
52	4	ISO 4762 - M6 x 20	内六角圆柱头螺钉
51	12	"AN-8"	螺塞
50	4	"N 6-1/8" A"	水嘴
49	2	GGR5SC10-15-60_L	导轨
48	12	ISO 4762 - M4 x 16	内六角圆柱头螺钉
47	2	65x25x16	锁模扣
46	6	GB 70-85 M14x30	内六角圆柱头螺钉
45	2	AAPRWS10-30-A18	斜导柱固定板
44	2	AAPZ8-60-N2	斜导柱
43	2	LLBCS20-15-A38-G20	楔紧块
42	2	SSLFKSMY-A40-T30-L60-D10-E30-G18-F50-K20	带斜导柱孔滑块
41	2	22x10x10	限位块
40	2	ISO 4762 - M4 x 12	内六角圆柱头螺钉
39	2	SSWF-8-20	矩形小弹簧
38	6	GB 70-85 M14x130	内六角圆柱头螺钉
37	8	GB 70-85 M10x30	内六角圆柱头螺钉
36	2	ULG 1001	联接器导滑座（拉销）
35	4	ISO 4762 - M5 x 30	内六角圆柱头螺钉
34	2	"ULC 1001"	弯接头
33	2	S-I-SB-400x300x90	垫块
32	2	"ULB 1001"	斜顶主体（型芯刀）
31	4	GP30x200x39	导柱
30	4	SGB 30x110	导套
29	4	DR 1700 12x2	O型密封圈
28	4	ISO 4762 - M8 x 20	内六角圆柱头螺钉
27	4	FW 40_F25x27	母锁
26	4	FW 40_M25x27	公锁
25	12	ISO 4762 - M8 x 70	内六角圆柱头螺钉
24	4	324-50-89	矩形弹簧
23	4	LKM20x175	复位杆
22	4	"SB 2"	沉头垫圈
21	4	SM 4x10	螺丝钉
20	6	ISO 4762 - M8 x 35	内六角圆柱头螺钉
19	1	S-I-BCP-400x350x30x240	动模座板
18	1	S-EP-400x180x25	顶针垫板
17	2	M-EBB 16x43	顶出导套
16	1	S-ERP-400x180x20	顶针固定板
15	1	35x100	支撑柱
14	1	30x26	限位柱
13	2	ISO 4762 - M8 x 30	内六角圆柱头螺钉
12	2	ECO-2(Ejector Guide Pin)-16x160	顶针板导柱
11	1	AH 6 -250	顶针
10	1	S-BP-400x300x60	型芯固定板
9	14	AH 3 -250	顶针
8	1	CR1-130x235x35	型芯镶件
7	1	CV1-130x235x45	型腔镶件
6	1	S-I-AP-400x300x70	型腔固定板
5	1	S-I-TCP-400x350x30x240	定模座板
4	1	LR-100-36	定位圈
3	1	501-4-10	防转销钉
2	1	SBJNT12-30-120-SR21-P2-A2-V11.9-G3	浇口套
1	2	ISO 4762 - M6 x 16	内六角圆柱头螺钉

明细栏

世界技能大赛塑料模具工程项目

项目：塑料模具工程
比例：1:1 日期：2019 纸张：A0
设计者：JSSCZJSXYZQ
图号：1
修订：0 页码：9-1
单位：MM
描述：装配图

图 4.1-93　模具装配工程图

4.2 型芯镶件工程图

型芯镶件工程图出图的操作步骤如下：

➢ 在"模型"导航器中可以看到，"图纸:1"是模具的总装配图，在其子项下有"默认图框"、"ISO"标题栏、"明细栏"与8个视图组成，如图4.2-1所示。双击"总装配图.idw"改成"工程图"名称，双击"图纸:1"改成"装配图"名称，如图4.2-2所示，以便于区分。

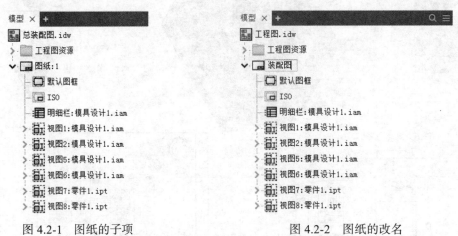

图 4.2-1　图纸的子项　　　　　　　　　　图 4.2-2　图纸的改名

➢ 在"模型"导航器的空白处右击，在出现的快捷菜单中选择"新建图纸"命令，如图4.2-3所示。

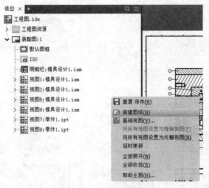

图 4.2-3　新建图纸

➢ 此时"装配图:1"被隐藏，出现新的"装配图:2"，"装配图:2"继承了"装配图:1"的各个参数设置，包括标题栏和图框的大小，如图4.2-4所示。

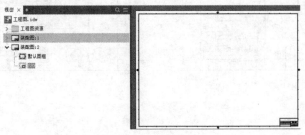

图 4.2-4　新装配图

➢ 为了便于区别，双击"装配图：2"，将其名称改为"型芯"，将显示为"型芯：2"，再选择"型芯：2"右击，在出现的快捷菜单中选择"编辑图纸"命令，如图 4.2-5 所示。

➢ 在出现的"编辑图纸"对话框中，将图纸的大小选为"A3"，其余默认，如图 4.2-6 所示，确定完成。

图 4.2-5　编辑图纸　　　　　　　　　　图 4.2-6　设置图纸大小

➢ 在"型芯：2"中，选择"ISO"子项，右击后选择"编辑定义"命令，重新编辑标题栏内容，如图 4.2-7 所示，把比例、纸张、图号、页码、描述等内容重新编辑修改。

图 4.2-7　修改明细栏内容

➢ 完成草图后，在出现的"保存编辑"对话框中，选择"另存为"，如图 4.2-8 所示。

图 4.2-8　保存编辑

➢ 接着在出现的"标题栏"对话框中，输入名称为"型芯"，如图 4.2-9 所示，保存完成。

图 4.2-9　标题栏命名

➢ 在"模型"导航器中选择"型芯：2"子项"ISO"，右击后选择"删除"命令，如图 4.2-10 所示。当前图纸页中的标题栏将被删除。继续在"模型"导航器中选择"标题栏"子项"型芯"，右击后选择"插入"命令，如图 4.2-11 所示。当前 A3 的图纸页将插入前面命名的"型芯"标题栏。后续其他零件的标题栏设置方法相同，不再详述。

图 4.2-10　删除子项 ISO 标题栏

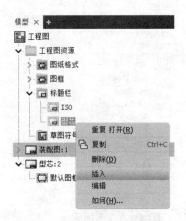

图 4.2-11　插入型芯标题栏

➢ 在"模具设计"窗口，展开"合并的型芯/型腔"，选择"合并的型芯 1"子项，右击后选择"打开"命令，如图 4.2-12 所示。也可以通过隔离显示方法将型芯镶件单独显示。后续对于单个零件的打开或显示，不再详述。

➢ 回到"工程图"窗口，在"放置视图"主菜单下，单击"基础视图"图标，出现"工程视图"对话框。如图 4.2-13 所示，在文件项中选择"Combined CR1.ipt"文件，标签名称为"视图 9"。

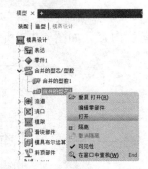

图 4.2-12　单独打开合并的型芯

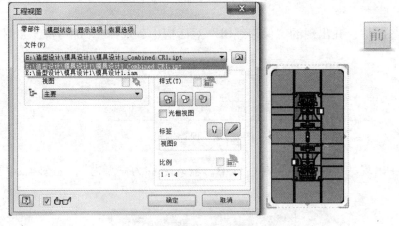

图 4.2-13　工程视图

➢ 将比例设为 1:1.5，以隐藏线显示，再添加中心线，并调整至如图 4.2-14 所示的方位放置。其过程不详述，方法与装配图操作相同。

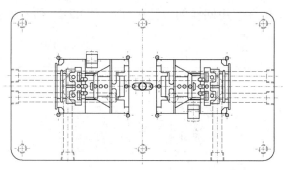

图 4.2-14　添加中心线

➤ 在"标注"主菜单中，单击"同基准"图标，选择视图 9，出现原点符号，将原点符号捕捉到中心线的交叉点，作为标注基准，如图 4.2-15 所示。

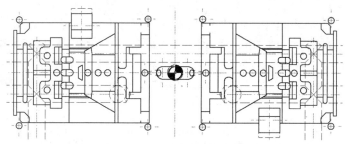

图 4.2-15　添加同基准符号

➤ 然后依次选择视图 9 的左侧轮廓线、左侧螺钉中心线、斜顶竖直中心线、中间螺钉中心线、右侧螺钉中心线、型芯右侧轮廓线，右击后选择"继续"命令，如图 4.2-16 所示。

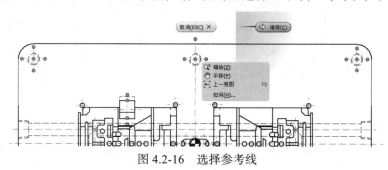

图 4.2-16　选择参考线

➤ 将出现的坐标尺寸，通过向上移动鼠标指针，单击放置在适当位置，右击后选择"确定"命令，完成尺寸的标注，如图 4.2-17 所示。

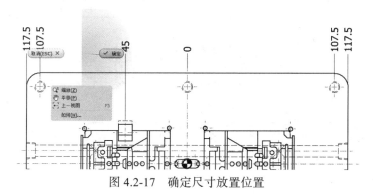

图 4.2-17　确定尺寸放置位置

➢ 单击"同基准"图标，用同样的方法标注如图 4.2-18 所示的其他尺寸。

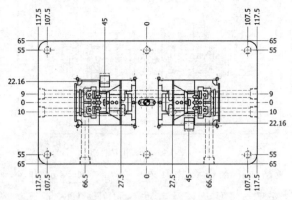

图 4.2-18　标准其他尺寸

➢ 由于型芯镶件是装配件，尺寸 117.5mm 与尺寸 65mm 为配合尺寸，需要进一步进行编辑，定义偏差。选择 117.7mm 尺寸，右击后选择"编辑"命令，出现"编辑尺寸"对话框。在对话框中，选择"精度与公差"命令，在公差方式列表中点选"偏差"，上、下偏差的文本输入框被激活，输入下偏差"0.01"，如图 4.2-19 所示，确定完成。

图 4.2-19　编辑尺寸

➢ 编辑其他外轮廓有装配要求的尺寸，添加偏差。单击"尺寸"图标，标注斜顶孔水平方向的配合尺寸和圆角尺寸，相关尺寸前需要添加数量，如图 4.2-20 所示。

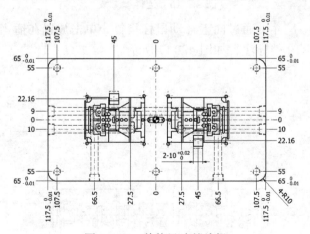

图 4.2-20　其他尺寸的编辑

➢ 在"放置视图"主菜单中，单击"剖视"图标，对型芯镶件的基础视图剖切。剖切的路径是沿着冷却水道的中心线，转折到分流道，最后经过螺钉孔，如图 4.2-21 所示。"剖视图"对话框中的视图标识符输入"A"，视图显示样式为"不显示隐藏线"。A-A 剖视图如图 4.2-22 所示。后续零件剖视图的剖切过程，不再详述。

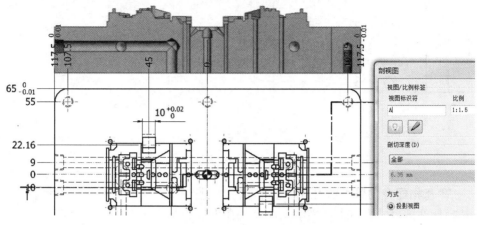

图 4.2-21　对基础视图剖切

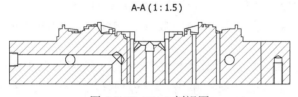

图 4.2-22　A-A 剖视图

➢ 将 A-A 剖视图中的剖切转折所形成的投影线进行隐藏，添加中心线，并标注尺寸，如图 4.2-23 所示。

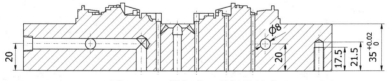

图 4.2-23　添加中心并标注尺寸

➢ 在"标注"主菜单中，单击"孔和螺纹"图标，对 A-A 剖视图中的螺纹进行标注，捕捉螺孔口的中心点，在适当位置放置尺寸，如图 4.2-24 所示。

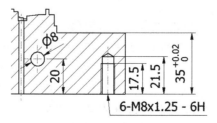

图 4.2-24　孔和螺纹的标注

➢ 型芯镶件中，M8 螺孔数量需要表达完整，双击 M8 螺孔的标注尺寸，出现"编辑孔注释"对话框。在对话框中注释前添加"6-"，如图 4.2-25 所示，确定完成。

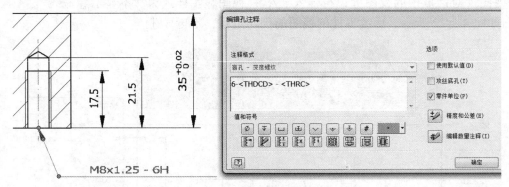

图 4.2-25　编辑孔注释

➢ 对螺塞相配合的管螺纹孔用"孔和螺纹"进行标注。选择标注的尺寸，右击"文本"命令，在出现的对话框中添加数量"6"，标注的效果如图 4.2-26 所示。

➢ 在"标注"主菜单中，单击"表面粗糙度"图标，选择型芯镶件的成型轮廓线，移动指针确定表面粗糙度符号的放置位置，右击后选择"继续"命令，如图 4.2-27 所示。

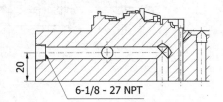

图 4.2-26　管螺纹标注的效果

➢ 在出现的"表面粗糙度"对话框中，在表面类型选项中选择"表面用去除材料的方法获得"图标，在其他选项中单击"长边加横线"图标，在 A 文本输入框中填入"Ra0.03"，如图 4.2-28 所示。

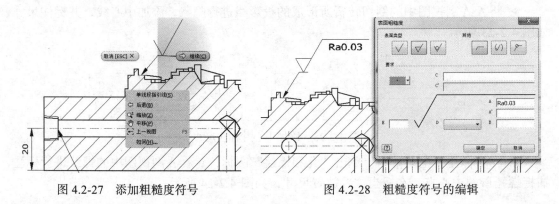

图 4.2-27　添加粗糙度符号　　　　　　　图 4.2-28　粗糙度符号的编辑

➢ 在"标注"主菜单中，单击"形位公差符号"图标，选择图 4.2-29 所示的轮廓线，出现形位公差符号，移动指针，放置在合适位置，右击后选择"继续"命令，如图 4.2-29 所示。

➢ 在出现的"形位公差符号"对话框中，选择特性项目符号为"平行度"，在公差文本输入框中填入"0.01"，在基准文本输入框中填入"A"，如图 4.2-30 所示。

➢ 在"标注"主菜单中，单击"基准标识符号"图标，选择图 4.2-31 所示的轮廓，移动指针，在适当位置添加基准符号，同时出现"文本格式"对话框，确定完成。

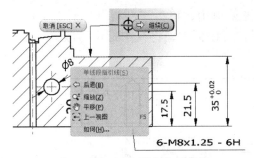

图 4.2-29　添加形位公差符号

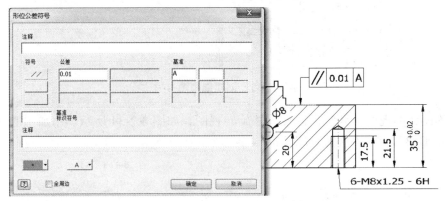

图 4.2-30　形位公差符号的编辑

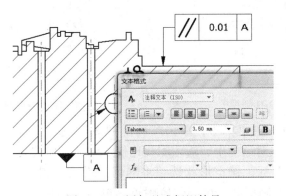

图 4.2-31　添加基准标识符号

➤ 完善后的 A-A 剖视图如图 4.2-32 所示。

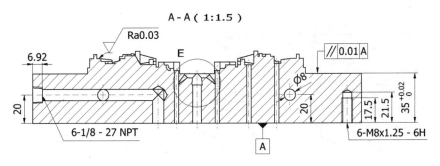

图 4.2-32　完善后的 A-A 剖视图

➢ 在"放置视图"主菜单中，单击"剖视"图标，对斜顶配合孔进行剖切。如图 4.2-33 所示，在"剖视图"对话框中，将视图标识符改为"B"，剖切边选择"将剖切边设为平滑"按钮。

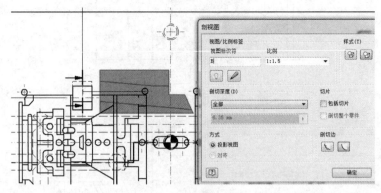

图 4.2-33　创建剖视图 B-B

➢ 将 B-B 剖视图移到空白区域，并旋转视图，如图 4.2-34 所示。添加中心线，标注相关尺寸，B-B 剖视图的编辑效果如图 4.2-35 所示。

B-B（1:1.5）

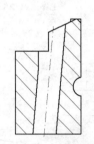

B-B（1:1.5）

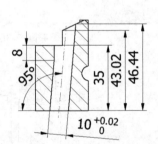

图 4.2-34　B-B 剖视图　　　　　图 4.2-35　B-B 剖视图的编辑效果

➢ 在"放置视图"主菜单中，单击"局部视图"图标，选择基础视图 9 后，出现"局部视图"对话框。在对话框中，输入缩放比例 1:1.5，样式为"不显示隐藏线"图标，轮廓形状选"矩形"图标，镂空形状选"将剖切边设为平滑"图标，如图 4.2-36 所示。然后将指针放置在右半侧型芯的中间位置附近，单击移动指针，出现矩形框，使矩形框将右半侧的成型型芯包络。

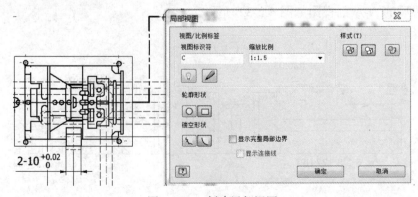

图 4.2-36　创建局部视图

➤ 单击后确定矩形框的大小，将矩形框中的局部视图移动到空白区域，通过调整基础视图中的矩形框，确定局部视图显示的区域，如图 4.2-37 所示。添加中心线，用同基准方法标注顶针孔位置，如图 4.2-38 所示。

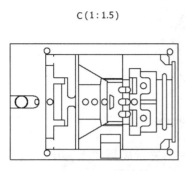

图 4.2-37　局部视图的区域显示

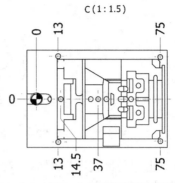

图 4.2-38　添加中心线并标顶针孔位置

➤ 用通用尺寸标注两处顶针孔直径，小顶针孔的投影轮廓不是整圆，标注时为半径尺寸，可右击后选择"尺寸类型"的子项"直径"，如图 4.2-39 所示。两处的顶针孔直径需添加配合公差代号，小顶针孔还需要添加数量。局部视图 C 的编辑效果如图 4.2-40 所示。

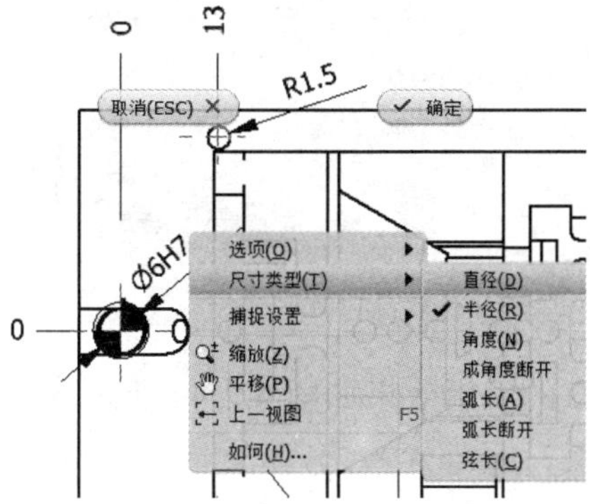

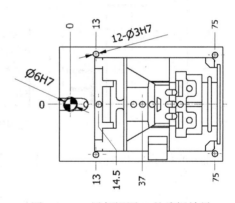

图 4.2-39　尺寸的编辑

图 4.2-40　局部视图 C 的编辑效果

➤ 继续单击"局部视图"图标，对分流道进行局部放大移出，放置在适当的空白位置，创建局部视图 D，如图 4.2-41 所示，过程不再详述。

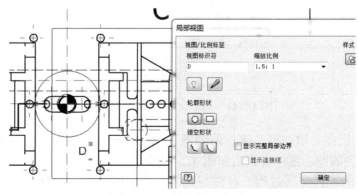

图 4.2-41　创建局部视图 D

➤ 添加中心线和标注相关尺寸，局部视图 D 的编辑效果如图 4.2-42 所示。

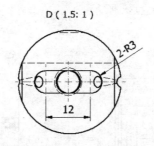

图 4.2-42　局部视图 D 的编辑效果

➤ 继续单击"局部视图"图标，对分流道剖视图进行局部放大移出，放置在适当的空白位置，创建局部视图 E，如图 4.2-43 所示，过程不再详述。

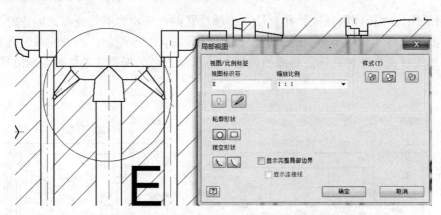

图 4.2-43　创建局部视图 E 的相关参数及设置

➤ 添加中心线和标注相关尺寸，局部视图 E 的编辑效果如图 4.2-44 所示。

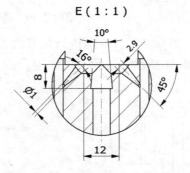

图 4.2-44　局部视图 E 的编辑效果

➤ 通过基础视图，增加型芯镶件的轴侧视图，在空白区域添加技术要求和表面粗糙度符号。最终得到的型芯镶件工程图如图 4.2-45 所示。

后续各零件的工程出图过程，存在与型芯镶件出图的相同步骤，对于相同步骤的方法及顺序不再重述，主要以文字说明及步骤结束的配图进行展示。

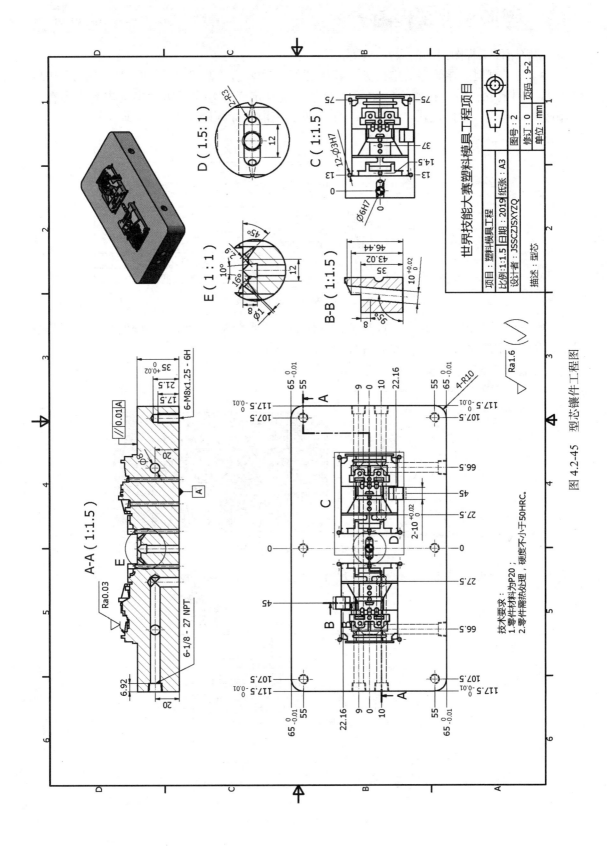

图 4.2-45　型芯镶件工程图

4.3　型腔镶件工程图

型腔镶件工程图出图的操作步骤如下：

➢ 在"模型"导航器的空白处，新建图纸，改名为"型腔：3"，将"型腔：3"中的"型芯"项删除，对"标题栏"中的"型芯"重新定义，修改标题栏中的内容，另存为"型腔"标题栏，并插入到"型腔：3"中，作为当前的标题栏，如图 4.3-1 所示。

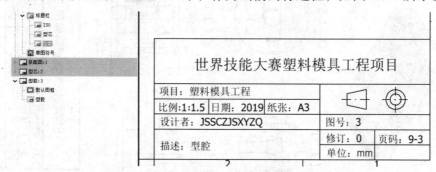

图 4.3-1　插入型腔标题栏

➢ 在"模具设计"界面，打开型腔镶件后，投影图 4.3-2 所示的基础视图。"工程视图对话框"中的设置参数与型芯工程视图设置相同。

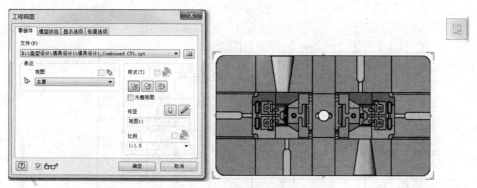

图 4.3-2　型腔镶件的投影

➢ 对基础视图添加中心线，标注尺寸并编辑，如图 4.3-3 所示。

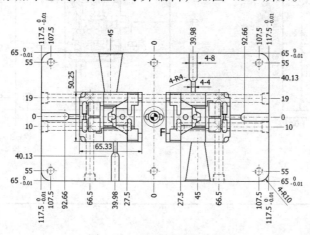

图 4.3-3　基础视图的编辑

➤ 对基础视图进行剖切，创建剖视图 A-A，如图 4.3-4 所示。

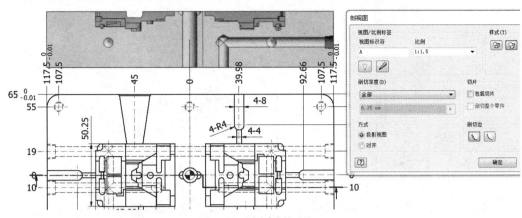

图 4.3-4　创建剖视图 A-A

➤ 对剖视图 A-A 进行编辑，隐藏转折投影线，添加中心线和表面粗糙度符号，标注尺寸并编辑，添加形位公差和基准符号，编辑效果如图 4.3-5 所示。

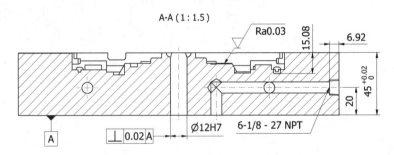

图 4.3-5　剖视图 A-A 的编辑效果

➤ 对基础视图继续剖切，创建剖视图 B-B，如图 4.3-6 所示。

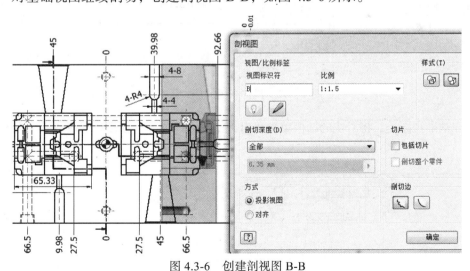

图 4.3-6　创建剖视图 B-B

➤ 对剖视图 B-B 进行编辑，隐藏转折投影线，添加中心线和表面粗糙度符号，标注尺寸并编辑，添加形位公差和基准符号，编辑效果如图 4.3-7 所示。对 A-A 剖视图中的排气槽用局部视图进行放大，创建局部视图 C，如图 4.3-8 所示。

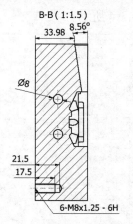

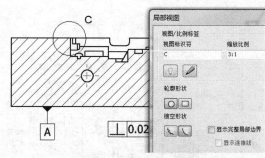

图 4.3-7　剖视图 B-B 的编辑效果　　　　　图 4.3-8　创建局部视图 C

➢ 继续对 A-A 剖视图中的排气槽进行局部放大，创建局部视图 D，如图 4.3-9 所示。

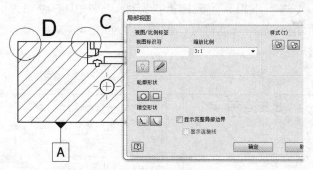

图 4.3-9　创建局部视图 D

➢ 局部视图 C 与局部视图 D 的放大效果如图 4.3-10 所示。

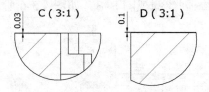

图 4.3-10　局部视图的放大效果

➢ 在基础视图上，将滑块的凹槽单独移出，作为局部视图，创建局部视图 E，如图 4.3-11 所示。

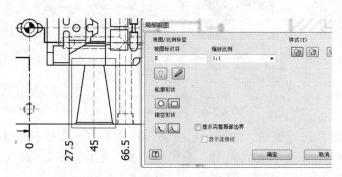

图 4.3-11　创建局部视图 E

➢ 对局部视图 E 进行编辑，编辑效果如图 4.3-12。利用局部视图 E 进行投影，如图 4.3-13 所示。

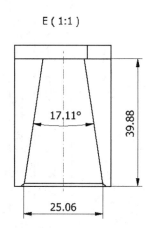

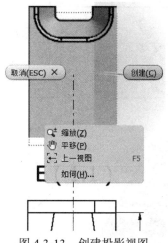

图 4.3-12　局部视图 E 的编辑效果　　　　图 4.3-13　创建投影视图

➢ 通过修改样式，添加中心线并标注尺寸，添加"A 向视图"文字，如图 4.3-14 所示。在基础视图中，单击"指引线文本"图标，添加箭头和文字，如图 4.3-15 所示。

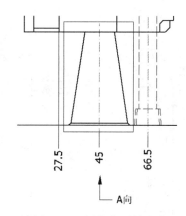

图 4.3-14　添加文字注释　　　　　　　图 4.3-15　添加指引线文本

➢ 使用局部视图对型腔镶件上的分流道放大移出，形成局部视图 F，如图 4.3-16 所示。

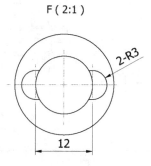

图 4.3-16　局部视图 F

➢ 添加轴侧视图和技术要求。最终得到的型腔镶件工程图如图 4.3-17 所示。

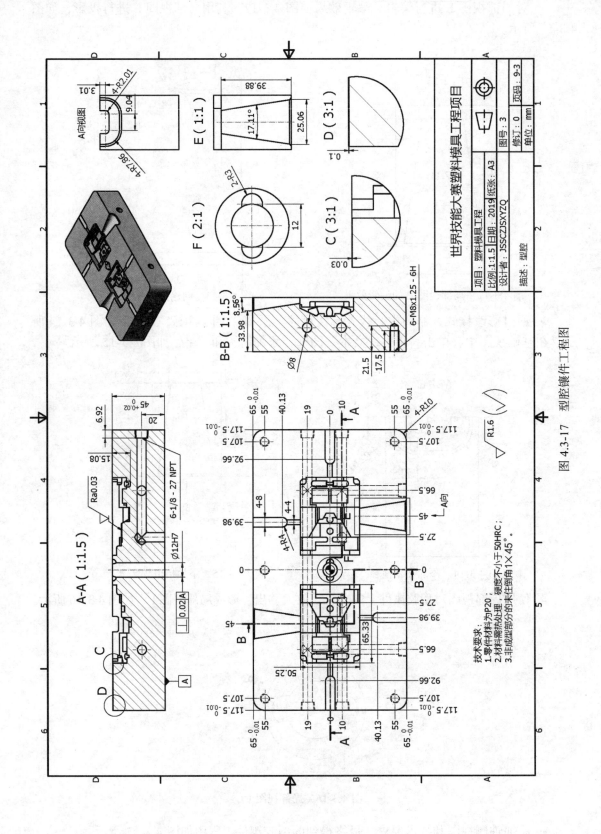

图 4.3-17 型腔镶件工程图

4.4　型腔固定板（A 板）工程图

型腔固定板（A 板）工程图出图的操作步骤如下：

➢ 在"模型"导航器的空白处，新建图纸，通过改名和编辑新的标题栏，得到的 A 板标题栏如图 4.4-1 所示。具体过程不再详述，可参考型腔镶件工程出图。

图 4.4-1　A 板标题栏

➢ 对图 4.4-2 所示的基础视图，添加中心线。

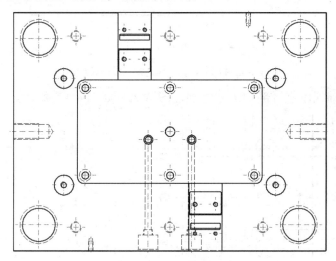

图 4.4-2　基础视图

➢ 用同基准标注尺寸，如图 4.4-3 所示。由于部分尺寸比较密集，有重叠，需要调整。

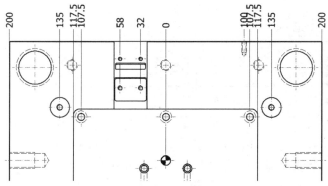

图 4.4-3　同基准标注尺寸

➢ 将上述所有尺寸框选，单击主菜单中的"排列"图标，各个尺寸将自动排列，如图 4.4-4 所示，并完成其他尺寸的标注。由于模架是标准模架，所以 A 板的导套孔和自带的螺孔，可以不标注。

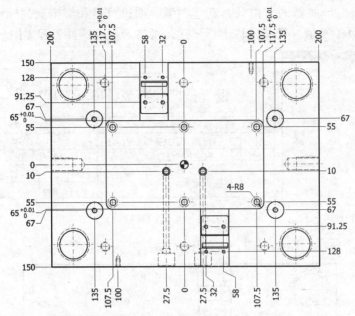

图 4.4-4　排列尺寸与其他尺寸的编辑效果

➢ 通过对基础视图进行剖切，创建剖视图 A-A，如图 4.4-5 所示。

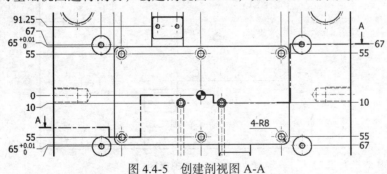

图 4.4-5　创建剖视图 A-A

➢ 对剖切后的剖视图 A-A 进行编辑，添加中心线和尺寸等，编辑效果如图 4.4-6 所示。

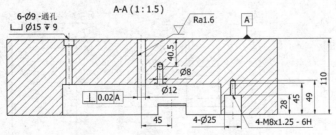

图 4.4-6　剖视图 A-A 的编辑效果

➢ 对基础视图继续剖切，创建剖视图 B-B，如图 4.4-7 所示。

➢ 对剖切后的剖视图 B-B 进行编辑，添加中心线和尺寸等，编辑效果如图 4.4-8 所示。

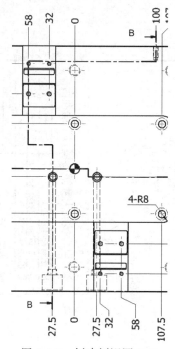

图 4.4-7　创建剖视图 B-B

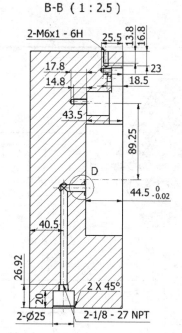

图 4.4-8　剖视图 B-B 的编辑效果

➤ 在基础视图中，楔紧块和固定板的安装槽通过局部视图移出，创建局部视图 C，如图 4.4-9 所示。对局部视图 C 进行编辑，编辑效果如图 4.4-10 所示。

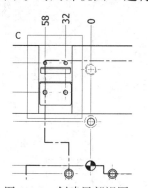

图 4.4-9　创建局部视图 C

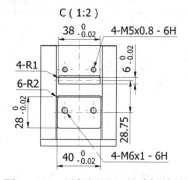

图 4.4-10　局部视图 C 的编辑效果

➤ 在 B-B 视图中，密封圈的安装槽通过局部视图移出，创建局部视图 D，如图 4.4-11 所示。对局部视图 D 进行编辑，编辑效果如图 4.4-12 所示。

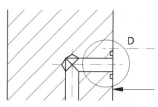

图 4.4-11　创建局部视图 D

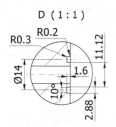

图 4.4-12　局部视图 D 的编辑效果

➤ 添加轴侧视图和技术要求。最终得到的型腔固定板工程图如图 4.4-13 所示。

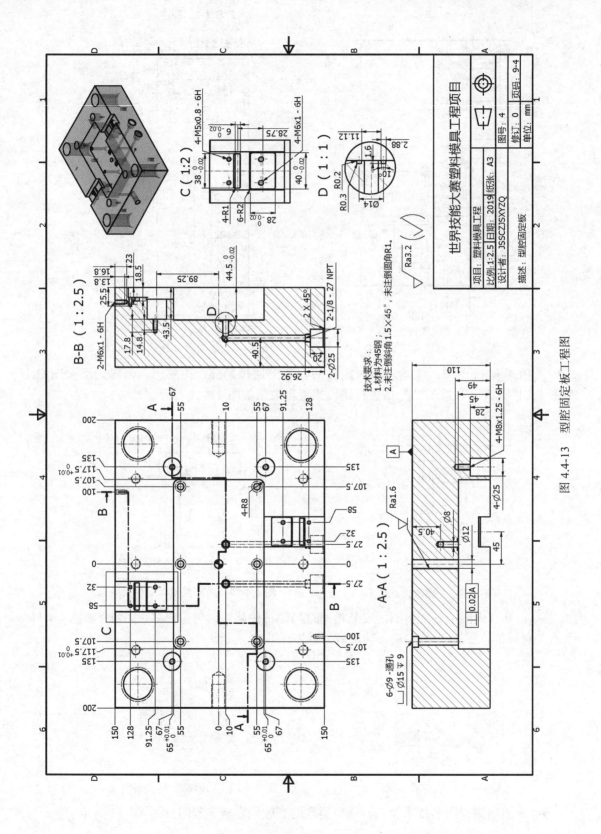

图 4.4-13　型腔固定板工程图

4.5　型芯固定板（B 板）工程图

型芯固定板（B 板）工程图出图的操作步骤如下：

➢ 在"模型"导航器的空白处，新建图纸，通过改名和编辑新的标题栏，得到的 B 板标题栏如图 4.5-1 所示。

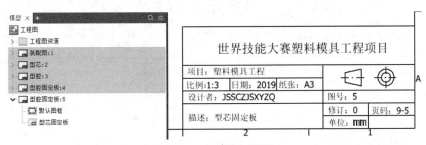

图 4.5-1　B 板标题栏

➢ 对基础视图添加中心线，标注尺寸，并进行尺寸的调整与编辑，编辑效果如图 4.5-2 所示。

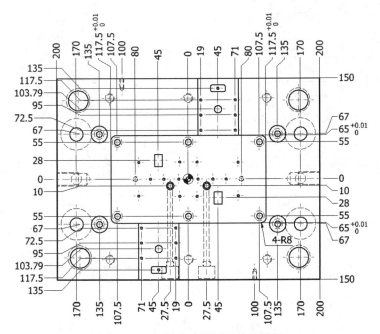

图 4.5-2　B 板基础视图的编辑效果

➢ 通过对基础视图进行剖切，创建剖视图 A-A，如图 4.5-3 所示。

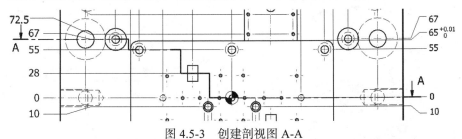

图 4.5-3　创建剖视图 A-A

➤ 对剖切后的剖视图 A-A 进行相关编辑，编辑效果如图 4.5-4 所示。

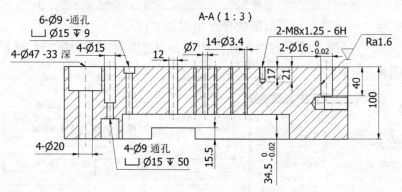

图 4.5-4　剖视图 A-A 的编辑效果

➤ 继续对基础视图进行剖切，创建剖视图 B-B，如图 4.5-5 所示。

➤ 对剖切后的 B-B 剖视图进行编辑，编辑效果如图 4.5-6 所示。

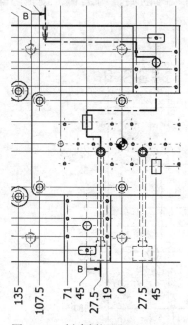

图 4.5-5　创建剖视图 B-B

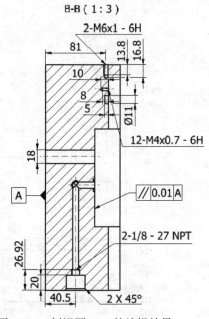

图 4.5-6　剖视图 B-B 的编辑效果

➤ 对限位块的安装槽进行单独剖切，创建剖视图 C-C，如图 4.5-7 所示。

➤ 对剖切后的剖视图 C-C 进行编辑，编辑效果如图 4.5-8 所示。

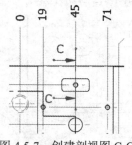

图 4.5-7　创建剖视图 C-C

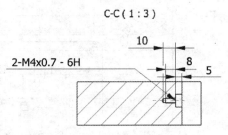

图 4.5-8　C-C 剖视图的编辑效果

➢ 对限位块的安装槽以局部视图单独移出，创建局部视图 D，如图 4.5-9 所示。

➢ 对局部视图 D 进行编辑，编辑效果如图 4.5-10 所示。

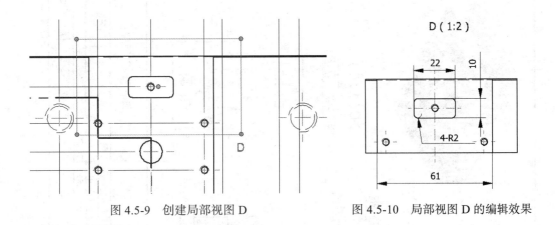

图 4.5-9　创建局部视图 D　　　　　　　　　图 4.5-10　局部视图 D 的编辑效果

➢ 对基础视图右侧顶针位置以局部视图单独移出，创建局部视图 E，如图 4.5-11 所示。

➢ 对局部视图 E 进行编辑，编辑效果如图 4.5-12 所示。

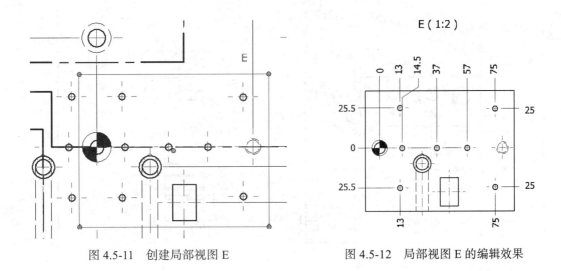

图 4.5-11　创建局部视图 E　　　　　　　　　图 4.5-12　局部视图 E 的编辑效果

➢ 添加轴侧视图和技术要求。最终得到的型芯固定板工程图如图 4.5-13 所示。

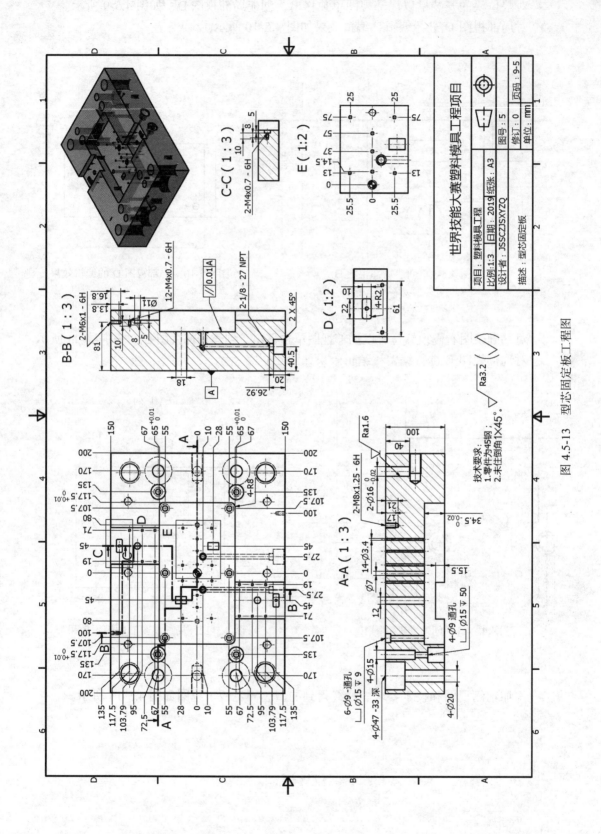

图 4.5-13　型芯固定板工程图

4.6　顶针固定板工程图

顶针固定板工程图出图的操作步骤如下：

➤ 在"模型"导航器的空白处，新建图纸，通过改名和编辑新的标题栏，得到的顶针固定板的标题栏如图 4.6-1 所示。

图 4.6-1　顶针固定板的标题栏

➤ 对基础视图添加中心线，标注尺寸，并进行尺寸的调整与编辑，编辑效果如图 4.6-2 所示。

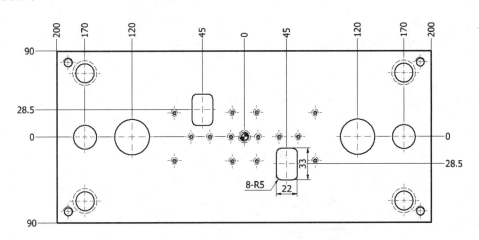

图 4.6-2　顶针固定板基础视图的编辑效果

➤ 通过对基础视图进行剖切，创建剖视图 A-A，如图 4.6-3 所示。

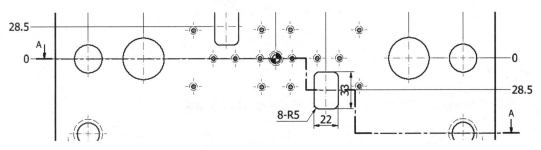

图 4.6-3　创建剖视图 A-A

➢ 对剖切后的剖视图 A-A 进行相关编辑，编辑效果如图 4.6-4 所示。

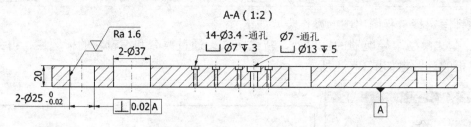

图 4.6-4　剖视图 A-A 的编辑效果

➢ 对基础视图左侧顶针位置以局部视图单独移出，创建局部视图 B，如图 4.6-5 所示。
➢ 对局部视图 B 进行编辑，编辑效果如图 4.6-6 所示。

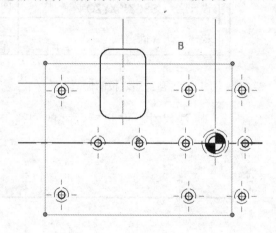

图 4.6-5　创建局部视图 B

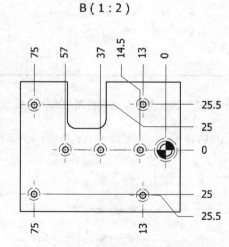

图 4.6-6　局部视图 B 的编辑效果

➢ 添加轴侧视图和技术要求。最终得到的顶针固定板工程图如图 4.6-7 所示。

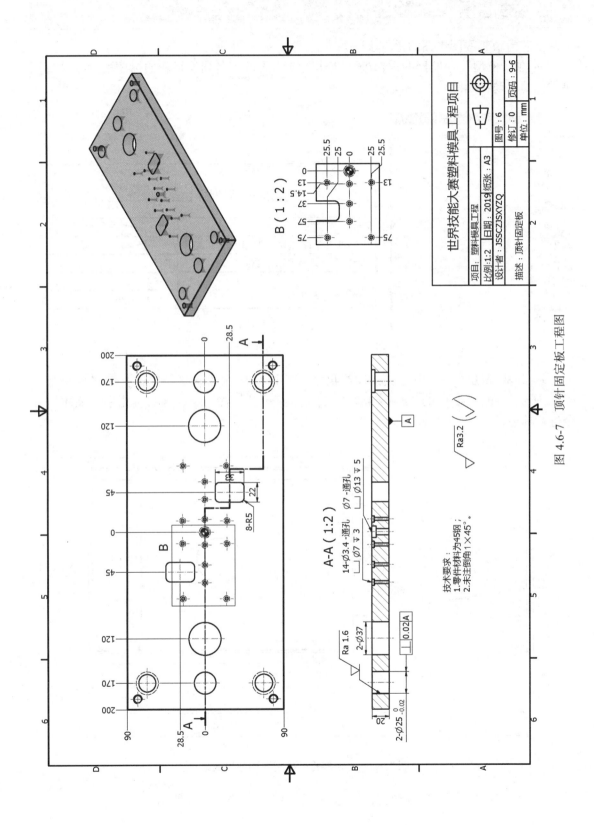

图 4.6-7　顶针固定板工程图

4.7 抽芯滑块工程图

抽芯滑块工程图出图的操作步骤如下：

➢ 在"模型"导航器的空白处，新建图纸，通过改名和编辑新的标题栏，得到的滑块零件的标题栏如图 4.7-1 所示。

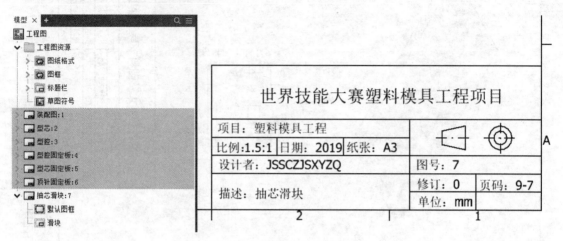

图 4.7-1 抽芯滑块的标题栏

➢ 对基础视图添加中心线，标注尺寸，并进行尺寸的调整与编辑，编辑效果如图 4.7-2 所示。图 4.7-2 中的 "2-4×45°" 是在主菜单"标注"下，通过"指引线文本"命令进行标注的。

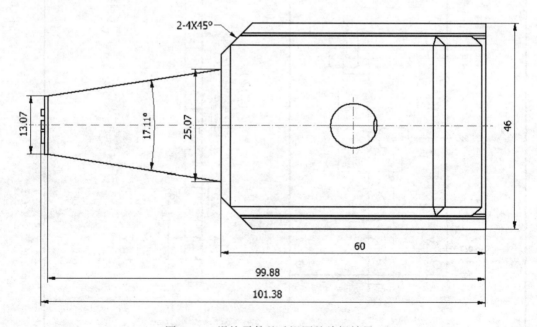

图 4.7-2 滑块零件基础视图的编辑效果

➢ 通过对基础视图进行剖切，创建剖视图 A-A，如图 4.7-3 所示。

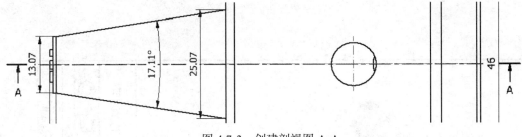

图 4.7-3　创建剖视图 A-A

➢ 对剖切后的剖切视图 A-A 进行相关编辑，编辑效果如图 4.7-4 所示。

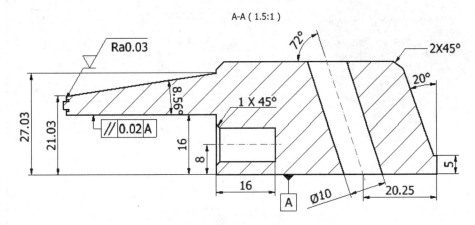

图 4.7-4　剖视图 A-A 的编辑效果

➢ 通过基础视图向右侧投影视图，并对投影的视图进行编辑，编辑效果如图 4.7-5 所示。图中的"放样曲线"用"指引线文本"命令添加。

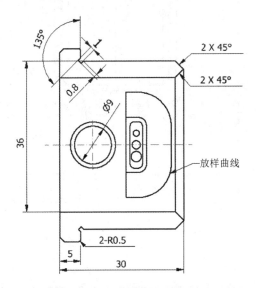

图 4.7-5　投影视图的编辑效果

➢ 添加轴侧视图和技术要求。最终得到的抽芯滑块工程图如图 4.7-6 所示。

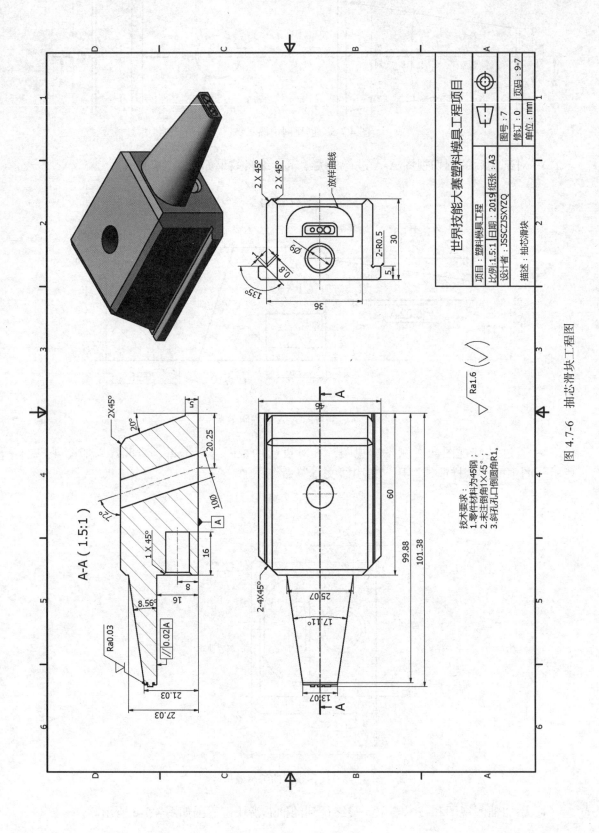

A-A (1.5:1)

2X45°

20°

20.25

5

10∅

1 X 45°

16

8

16

8.56°

Ra0.03

∥ 0.02 A

21.03

27.03

2X 45°

2X 45°

放样曲线

2-R0.5

30

5

∅9

0.8

135°

36

2-4X45°

25.07

17.11°

60

99.88

101.38

13.07

A

A

∅6

A

10∅

Ra1.6

技术要求:
1.零件材料为45钢
2.未注倒角1×45°;
3.斜孔孔口倒圆角R1。

世界技能大赛塑料模具工程项目		
项目:塑料模具工程		
比例:1.5:1	日期:2019	纸张:A3
设计者:JSSCZJSXYZQ		
描述:抽芯滑块		
	图号:7	
	修订:0	页码:9-7
		单位:mm

图 4.7-6 抽芯滑块工程图

4.8　斜顶主体（型芯刀）工程图

斜顶主体（型芯刀）工程图出图的操作步骤如下：

➤ 在"模型"导航器的空白处，新建图纸，通过改名和编辑新的标题栏，得到的斜顶主体的标题栏如图 4.8-1 所示。

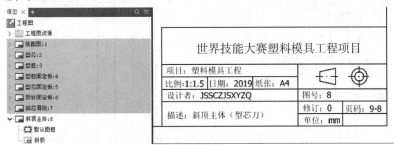

图 4.8-1　斜顶主体的标题栏

➤ 选择"斜顶主体:8"，右击后选择"编辑图纸"命令，如图 4.8-2 所示。如图 4.8-3 所示，在出现的"编辑图纸"对话框中，将图纸的方向改为"纵向"，其余默认。

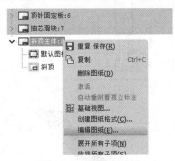

图 4.8-2　编辑图纸

图 4.8-3　更改图纸方向

➤ 对基础视图进行编辑，效果如图 4.8-4 所示。

➤ 对基础视图向右侧进行投影，对投影视图进行编辑，效果如图 4.8-5 所示。

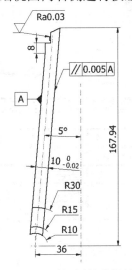

图 4.8-4　基础视图的编辑效果

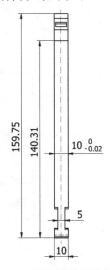

图 4.8-5　投影视图的编辑效果

➤ 添加轴侧视图和技术要求。最终得到的斜顶主体（型芯刀）工程图如图 4.8-6 所示。

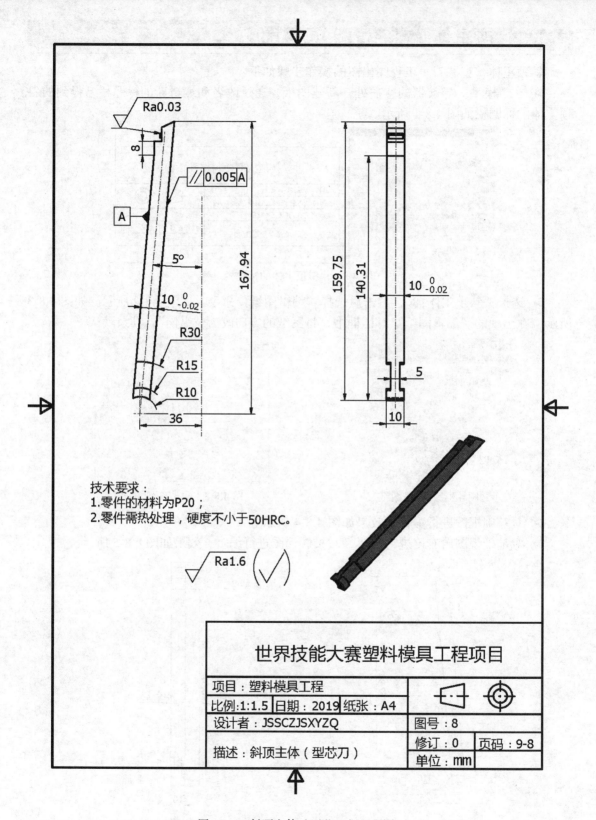

技术要求：
1.零件的材料为P20；
2.零件需热处理，硬度不小于50HRC。

世界技能大赛塑料模具工程项目		
项目：塑料模具工程		
比例:1:1.5 日期：2019 纸张：A4		
设计者：JSSCZJSXYZQ	图号：8	
描述：斜顶主体（型芯刀）	修订：0	页码：9-8
	单位：mm	

图 4.8-6　斜顶主体（型芯刀）工程图